21世纪新概念
全能实战规划教材

U0155452

电脑入门基础教程

（Windows 11+Office 2021）

凤凰高新教育◎编著

北京大学出版社
PEKING UNIVERSITY PRESS

内 容 简 介

本书通过案例引导的方式进行编写，系统地介绍了电脑入门的相关知识和操作技能，让读者由浅入深、从易到难地进行学习。

全书共 15 章，系统并全面地讲解了电脑基础知识、电脑入门操作、Windows 11 系统的操作与应用、电脑打字的方法、电脑文件的管理、电脑软件的安装与管理、电脑连网和上网操作、网络通信与聊天交流、网上日常生活与娱乐、电脑系统维护与安全防范，以及使用 Word 2021、Excel 2021 和 PowerPoint 2021 高效办公等知识技能。

这是一本一看就懂、一学就会的电脑入门图书，既适合无基础又想快速掌握电脑入门操作的读者学习，也可作为广大职业院校、电脑培训班的教学用书。

图书在版编目(CIP)数据

电脑入门基础教程：Windows 11+Office 2021 / 凤凰高新教育编著. — 北京：北京大学出版社，2023.4

ISBN 978-7-301-33761-5

Ⅰ.①电… Ⅱ.①凤… Ⅲ.①Windows操作系统 – 教材②办公室自动化 – 应用软件 – 教材 Ⅳ.①TP316.7 ②TP317.1

中国国家版本馆CIP数据核字（2023）第025259号

书　　　名	电脑入门基础教程（Windows 11+Office 2021）	
	DIANNAO RUMEN JICHU JIAOCHENG（Windows 11+Office 2021）	
著作责任者	凤凰高新教育　编著	
责 任 编 辑	王继伟　刘羽昭	
标 准 书 号	ISBN 978-7-301-33761-5	
出 版 发 行	北京大学出版社	
地　　　址	北京市海淀区成府路205 号　　100871	
网　　　址	http://www.pup.cn　　新浪微博：@ 北京大学出版社	
电 子 信 箱	pup7@ pup.cn	
电　　　话	邮购部 010-62752015　发行部 010-62750672　编辑部 010-62570390	
印 刷 者	三河市北燕印装有限公司	
经 销 者	新华书店	
	787毫米×1092毫米　16开本　20.25印张　487千字	
	2023年4月第1版　2023年4月第1次印刷	
印　　　数	1-3000册	
定　　　价	69.00元	

电脑应用是当今社会的必备技能，而 Windows 11 操作系统和 Office 2021 在生活和工作中的应用非常广泛，新版本在保持以往版本强大功能的基础上，又增加了许多新功能，深受广大用户喜爱。

本书内容介绍

本书从零开始，按照"知识讲解＋上机实战"的原则，充分考虑电脑初学者的实际情况和需求，结合课堂教学实录，系统、科学地安排了学习内容和学习方式，力求让读者在短时间内快速掌握电脑入门的相关技能，解决"学"和"用"这两个关键问题。

本书以案例为引导，系统并全面地讲解了电脑的基本操作、软件应用、网上生活娱乐和办公软件使用等技能，内容包括电脑基础知识、电脑入门操作、Windows 11 系统的操作与应用、电脑打字的方法、电脑文件的管理、电脑软件的安装与管理、电脑连网和上网操作、网络通信与聊天交流、网上日常生活与娱乐、电脑系统维护与安全防范，以及使用 Word 2021、Excel 2021 和 PowerPoint 2021 高效办公等知识技能。

本书特色

（1）由浅入深，通俗易懂。本书内容安排由浅入深，语言写作通俗易懂，实例题材丰富多样，每个操作步骤的介绍都清晰准确。特别适合广大职业院校、电脑培训学校作为相关专业的教材用书，同时也适合作为广大电脑初学者的学习参考用书。

（2）内容全面，图解操作。本书内容翔实，系统全面。在写作方式上，本书采用"步骤讲述＋配图说明"的方式进行编写，操作简单明了、浅显易懂。本书配有同步的多媒体教学视频及书中所有案例的素材文件与最终效果文件，方便读者同步学习。

（3）案例丰富，实用性强。全书安排了 50 个"课堂范例"，帮助初学者认识和掌握电脑操作的实战应用；安排了 30 个"课堂问答"，帮助初学者解决学习过程的疑难问题；安排了 15 个"上机实战"和 15 个"同步训练"综合实例，旨在提升初学者的实战技能水平；并且每章后面都安排有"知识能力测试"习题，认真完成这些习题，可以帮助初学者巩固知识技能。

本书知识结构图

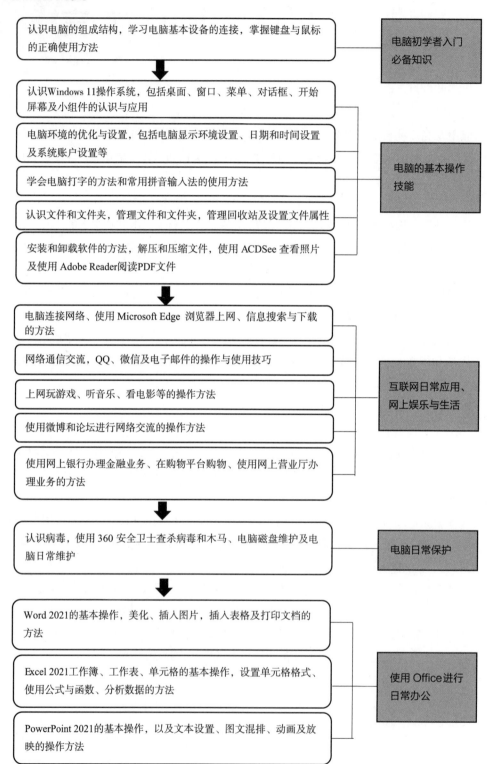

认识电脑的组成结构，学习电脑基本设备的连接，掌握键盘与鼠标的正确使用方法

电脑初学者入门必备知识

认识Windows 11操作系统，包括桌面、窗口、菜单、对话框、开始屏幕及小组件的认识与应用

电脑环境的优化与设置，包括电脑显示环境设置、日期和时间设置及系统账户设置等

学会电脑打字的方法和常用拼音输入法的使用方法

认识文件和文件夹，管理文件和文件夹，管理回收站及设置文件属性

安装和卸载软件的方法，解压和压缩文件，使用 ACDSee 查看照片及使用 Adobe Reader阅读PDF文件

电脑的基本操作技能

电脑连接网络、使用 Microsoft Edge 浏览器上网、信息搜索与下载的方法

网络通信交流，QQ、微信及电子邮件的操作与使用技巧

上网玩游戏、听音乐、看电影等的操作方法

使用微博和论坛进行网络交流的操作方法

使用网上银行办理金融业务、在购物平台购物、使用网上营业厅办理业务的方法

互联网日常应用、网上娱乐与生活

认识病毒，使用 360 安全卫士查杀病毒和木马、电脑磁盘维护及电脑日常维护

电脑日常保护

Word 2021的基本操作，美化、插入图片，插入表格及打印文档的方法

Excel 2021工作簿、工作表、单元格的基本操作，设置单元格格式、使用公式与函数、分析数据的方法

PowerPoint 2021的基本操作，以及文本设置、图文混排、动画及放映的操作方法

使用 Office进行日常办公

教学课时安排

本书讲解电脑的入门知识，现给出本书教学的参考课时（共 75 课时），主要包括老师讲授 40 课时和学生上机 35 课时两部分，具体如下表所示。

章节内容	课时分配	
	老师讲授	学生上机
第 1 章　电脑入门知识	2	1
第 2 章　轻松使用 Windows 11 系统	2	2
第 3 章　打造个性化系统	2	2
第 4 章　轻松学会电脑打字	2	1
第 5 章　管理电脑中的文件资源	3	3
第 6 章　安装与管理电脑软件	4	2
第 7 章　走进丰富多彩的网络世界	2	2
第 8 章　便捷的网络通信交流	3	2
第 9 章　享受网上的影音娱乐	2	2
第 10 章　玩转微博与论坛	2	2
第 11 章　足不出户的便利生活	2	2
第 12 章　电脑的优化与维护	2	2
第 13 章　用 Word 2021 创建与编排办公文档	4	4
第 14 章　用 Excel 2021 处理与分析表格数据	4	4
第 15 章　用 PowerPoint 2021 制作与设计幻灯片	4	4
合计	40	35

学习资源与下载说明

本书配套的学习资源及下载说明如下。

1．素材文件

指本书中所有章节实例的素材文件，全部收录在网盘中的"素材文件"文件夹中。读者在学习时，可以参考图书讲解内容，打开对应的素材文件进行同步操作练习。

2．结果文件

指本书中所有章节实例的最终效果文件，全部收录在网盘中的"结果文件"文件夹中。读者在学习时，可以打开结果文件，查看其实例效果，为自己在学习中的练习操作提供帮助。

3．视频教学文件

本书为读者提供了 76 节与书同步的视频教程。读者可以通过视频播放软件（Windows Media Player、暴风影音等）打开每章中的视频教程进行学习。

4．PPT 课件

本书为老师提供了非常方便的PPT教学课件，老师选择本书作为教材，不用再担心没有教学课件，自己也不必再制作课件了。

5．试卷

本书提供了 3 套"知识与能力总复习题"试卷，其中两套放在学习资源中。

6．习题答案

"习题答案汇总"文件，主要提供了每章"知识能力测试"的参考答案，以及本书"知识与能力总复习题"的参考答案。

温馨提示：以上资源，请用手机微信扫描下方二维码关注微信公众号，输入本书 77 页的资源下载码，获取下载地址及密码。

创作者说

本书由凤凰高新教育策划并编写。在本书的编写过程中，我们竭尽所能地为读者呈现最好、最全的实用功能，但仍难免有疏漏和不妥之处，敬请广大读者不吝指正。

CONTENTS 目 录

Windows 11+Office 2021

第1章
电脑入门知识

　　如今，电脑已经成为人们日常生活中不可或缺的一部分，同时也是工作中的最佳帮手，掌握电脑的相关知识和技能是必不可少的。本章具体介绍电脑的连接方法、启动与关闭电脑，以及鼠标和键盘的使用方法。

学习目标

- 认识连接电脑的主要设备。
- 熟练掌握电脑的开关机方法。
- 熟练掌握使用鼠标的方法。
- 熟练掌握使用键盘的方法。

1.1 认识电脑

电脑已经融入了人们的生活与工作中，无论是娱乐还是工作，都离不开电脑。为了拓展工作空间，提高社会适应能力与工作效率，人们需要学习和掌握电脑相关的知识和技能。

1.1.1 什么是电脑

我们日常说的"电脑"其实只是一种俗称，它的学名是"电子计算机"（Computer），最主要的功能是计算。

电子计算机简称计算机，它是一种能按照程序运行，自动、高速处理海量数据的现代化智能电子设备。由于其在实际应用中减少并替代了人的部分脑力劳动，人们经常拿它与人脑比较，所以称其为"电脑"。

按电脑的不同外观结构，可以将其分为台式电脑和笔记本电脑两种。

（1）台式电脑：从外观上来看，台式电脑主要由主机、显示器、键盘及鼠标等设备组成，如图 1-1 所示。根据需要，还可以为其增加其他外部设备，如音箱、打印机等。

（2）笔记本电脑：笔记本电脑是集电脑主机、显示器、键盘及鼠标等设备于一体的便携式电脑，体型小巧、便于携带，适合喜欢外出、办公地点不固定的用户。笔记本电脑的外观如图 1-2 所示。

图 1-1　台式电脑

图 1-2　笔记本电脑

一台完整的电脑是由若干个部件组合而成的，主要分为硬件系统和软件系统两部分，硬件系统就像电脑的身体，而软件系统则是电脑的灵魂。

没有安装任何软件的电脑称为裸机。需要注意的是，裸机是无法工作的，只有安装了必需的软件，电脑才可以完成相应的工作。

1.1.2 电脑的基本组成部分

要学习电脑的应用，首先需要了解电脑的基本组成部分。以台式电脑为例，一台家用台式电脑从外观上看，通常由主机、显示器、鼠标和键盘等设备组成。

1. 主机

台式电脑和笔记本电脑都有主机。从电脑的组成结构上来看，主机是电脑中最重要的部分之一。电脑中的所有文件资料和信息都是由主机来分配管理的，需要完成的各种工作也是由主机来控制和处理的。

主机的外观样式多种多样，常用的台式电脑主机外观如图1-3所示。主机机箱的正面有电源开关、复位按钮、指示灯和光驱位等，表1-1所示为台式电脑主机部件及功能介绍。不同的机箱上的按钮、指示灯的形状与位置也不相同。

图 1-3 台式电脑主机

表 1-1 台式电脑主机部件及功能

部件名称	功能介绍
❶光驱位	用于安装光驱，既可以安装只读型光驱，也可以安装刻录机
❷USB接口	现在的机箱通常在正面或侧面设计有USB接口，方便用户使用U盘、移动硬盘、MP4和手机等移动设备来进行连接
❸指示灯	在电脑开机后亮起，主要表示电脑主机是否通电
❹音频插孔	通常机箱正背两面都有两个音频插孔，方便用户使用音箱和麦克风等设备
❺电源开关	电源开关通常有【⏻】或【Power】标记，而且通常比其他按钮大
❻复位按钮	通常位于电源开关的附近，按下该按钮，可以重新启动计算机

电脑主机机箱中安装了必备的核心硬件，包括主板、CPU、内存条、硬盘、光驱、电源和显卡硬件设备，下面分别进行详细介绍。

（1）主板：机箱中最大的一块电路板，用于安装与固定其他设备，如图1-4所示。主板是各个硬件之间的沟通桥梁。

（2）CPU：也称中央处理器，它是电脑的"大脑"，主要用于数据运算和命令控制，如图1-5所示。随着CPU的不断更新，电脑的性能也在不断提高。

图 1-4 主板

图 1-5 CPU

（3）内存条：用来临时存放当前电脑运行的程序和数据，是电脑的记忆中心，如图1-6所示。一般内存越大，电脑的运行速度越快。

（4）硬盘：用于长期存放有效的数据内容，其容量越大，能存放的数据也就越多，如图1-7所示。硬盘具有存储容量大、不易损坏、安全性高等优点。

技能拓展　硬盘一般分为两种：机械硬盘与固态硬盘。固态硬盘与传统的机械硬盘相比，具有读写速度快、省电的优点，但价格比较高。

（5）光驱：光盘是一种数据存储设备，具有容量大、寿命长、成本低的特点，如图1-8所示。光驱主要用于读取光盘中的数据，或者将数据刻录到光盘中，如图1-9所示。

图1-6　内存条

图1-7　硬盘

图1-8　光盘

（6）电源：电脑中的电源设备主要是将外部220V的电压转换为±5~12V，然后提供给主板、CPU、硬盘等设备使用，如图1-10所示。

（7）显卡：显卡是插接到主板上，为显示器提供显示信号的设备，如图1-11所示。显卡的作用是把电脑中的信息传送给显示器并在显示器中显示出来。

图1-9　光驱

图1-10　电源

图1-11　显卡

技能拓展　我们经常用到的设备还有网卡和声卡。现在大多数主板都集成了网卡与声卡芯片，普通用户不需要再额外购买。

2. 显示器

显示器是将电脑中输入的内容、系统提示、程序运行状态和结果等信息显示给用户看的输出设备。现在市面上常见的显示器是体积较小的液晶显示器，如图 1-12 所示；而外形庞大的 CRT 显示器则相对少见，如图 1-13 所示。

图 1-12 液晶显示器

图 1-13 CRT 显示器

3. 键盘和鼠标

键盘和鼠标是电脑的输入设备，是人机"对话"的重要工具，用户通过按下键盘上的按键来输入命令和数据，或者用鼠标选择指令来进行操作。

（1）键盘：键盘的种类比较多，外观形状也不尽相同，但都是由一系列按键组成的，如图 1-14 所示。各种数据都可以通过键盘输入电脑中，如文字、数字信息等。

（2）鼠标：鼠标是一种常用的输入设备，在使用电脑的过程中，通过鼠标可以方便、快速、准确地进行操作，如图 1-15 所示。

图 1-14 键盘

图 1-15 鼠标

4. 常见的电脑外部设备

除了必备的基本硬件，还有一些常见的与我们的生活息息相关的电脑外部设备，如打印机、音箱、摄像头、扫描仪、手写板等。

（1）打印机：一种用于将电脑中的信息打印在纸上的输出设备，一般可分为针式打印机、喷墨打印机和激光打印机，如图 1-16、图 1-17、图 1-18 所示。目前使用较多的是喷墨打印机和激光打印机，一般喷墨打印机价格较低，激光打印机价格相对较高。

图 1-16　针式打印机

图 1-17　喷墨打印机

图 1-18　激光打印机

（2）音箱：多媒体电脑的重要组成设备，其作用主要是将电脑中的声音播放出来。有了音箱，我们就可以用电脑来听音乐、看电影等。根据音箱数量的不同，可分为 2.0 音箱、2.1 音箱和 5.1 音箱等，如图 1-19 所示。

（3）摄像头：又称为"电脑相机"，是一种视频输入设备，被广泛应用于视频会议、远程医疗和实时监控等方面。用户在电脑上配置一个摄像头，还可以与亲朋好友进行视频聊天。除了普通摄像头，还有高清摄像头和具有夜视功能的摄像头，如图 1-20 所示。

（4）U盘：指一种使用USB接口的、无须物理驱动器的微型高容量移动存储设备，通过USB接口与电脑连接，实现即插即用，如图 1-21 所示。U盘连接到电脑的USB接口后，U盘中的资料可与电脑交换。

图 1-19　音箱

图 1-20　摄像头

图 1-21　U 盘

（5）扫描仪：一种图像输入设备。它可以将图像、照片和文件等资料扫描到电脑中，目前使用也比较广泛，如图 1-22 所示。

（6）手写板：一种通过硬件直接向电脑输入汉字，并通过汉字识别软件转换为文本文件的电脑外部设备，如图 1-23 所示。手写板不仅可以输入文字信息，还可以用于精确制图，如制作电路图、制作CAD图、制作图形图像设计图和绘制插画等。

图 1-22　扫描仪

图 1-23　手写板

1.1.3　电脑在生活中的应用

电脑是一种功能强大的工具，它的身影随处可见。它的用途主要可以概括为学习、生活和工作等方面，而我们学习使用电脑也是为了满足这些方面的需求。下面来了解一下电脑最普遍的日常应用。

1. 电脑办公

电脑已经成为商务活动和日常办公中必备的工具，熟练掌握电脑和办公软件的使用方法，是公司职员必须具备的工作技能。通过电脑，我们能够方便地编辑办公文档、制作商务表格和管理数据。例如，可以使用 Word 软件来编辑行政管理手册和商务合同，如图 1-24 所示；可以使用 Excel 软件记录档案、制作报表等，如图 1-25 所示。

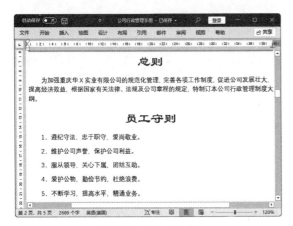

图 1-24　Word 文档

图 1-25　Excel 工作簿

2. 网络通信

将电脑接入互联网后，可以在网上浏览和查询信息，通过电子邮件和即时通信软件等，能够不受地域限制地和亲朋好友进行文字、语音、视频交流，如图 1-26 和图 1-27 所示。

图 1-26　QQ

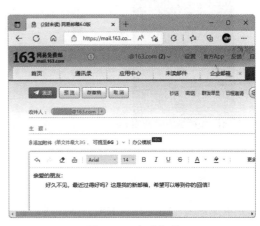

图 1-27　电子邮件

3. 休闲娱乐

休闲娱乐也是电脑的一个重要功能，在忙完一天的工作之后，不仅可以使用电脑在线看电影、电视剧，还可以在网上玩游戏放松心情，如图1-28和图1-29所示。

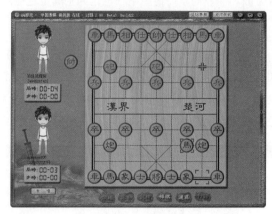

图1-28　看电视剧　　　　　　　　　　　　　　图1-29　玩游戏

4. 网上交易

随着网络技术的发展，越来越多的人选择在网上管理自己的财产。人们不仅可以在网上进行银行转账、查询账户余额，还可以在网上进行交易，如网上购物、网上炒股、网上购买彩票等。

在网上进行交易有很多优点，用户不用辛苦地去银行或证券交易大厅排队，也无须亲自去商店挑选商品，只要家中有一台接入互联网的电脑，就可以随时在网上进行交易，既节省时间又免于奔波，如图1-30和图1-31所示。

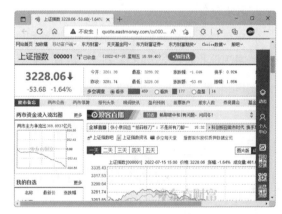

图1-30　网上购物　　　　　　　　　　　　　　图1-31　股票交易

5. 处理照片

随着生活水平的提高，很多人都喜欢上了摄影，我们可以将数码相机拍摄的照片传输到电脑中，然后根据自己的需要来选择相应的软件进行图像修饰、美化照片等，让自己拍摄的照片变得更加美观。例如，使用专业的图像处理软件，可以实现修复人物皮肤上的瑕疵、调整偏色照片、后期合成及艺术创作等效果。图 1-32 为处理前的照片，通过软件调整照片的颜色和亮度后的效果如图 1-33 所示。

图 1-32 处理前   图 1-33 处理后

1.2 连接电脑设备

如果用户购买的是台式电脑，购买时安装人员会将主机组装好，回家后需要自己动手将显示器、键盘、鼠标等设备与主机连接，然后才能开机使用。

1.2.1 连接显示器

目前市场上的显示器主要包括 CRT 显示器和液晶显示器，其中液晶显示器更为通用。下面以液晶显示器为例来介绍连接显示器的具体步骤。

步骤 01 找到显示器的电源线，在显示器背面找到电源接口并连接，如图 1-34 所示。

步骤 02 在显示器背面找到 HDMI 输出接口，将配套的信号线连接到该接口，如图 1-35 所示。

步骤 03 将显示器的 HDMI 信号线按正确的方向连接到机箱背面的接口即可，如图 1-36 所示。

图 1-34 连接电源线   图 1-35 连接信号线   图 1-36 连接机箱

1.2.2　连接键盘和鼠标

　　键盘和鼠标是电脑上使用最多的外部设备，目前市场上的键盘和鼠标主要包括USB接口的有线键盘和鼠标及无线键盘和鼠标两种。图1-37所示为USB接口的有线鼠标，图1-38所示为无线键盘和鼠标。两种键盘和鼠标的使用方法都比较简单。使用USB接口的有线键盘和鼠标时，只需将USB线连接到电脑上的任意USB接口即可。

　　使用无线键盘或鼠标时，只需将无线键盘或鼠标的USB信号接收器插入电脑USB接口中，然后将无线键盘或鼠标与接收器对码，按下键盘或鼠标上的连接按钮与接收器上的按钮，接收器上的指示灯会快速闪烁，表示对码成功。按键盘或移动鼠标时，接收器上的指示灯会跟着快速闪烁，表示键盘或鼠标可正常使用。

图1-37　USB接口的有线鼠标

图1-38　无线键盘和鼠标

1.2.3　连接网线

　　连接了网线才能将电脑连接上有线网络，下面介绍连接网线的方法。

　　将RJ-45网线一端的水晶头按指示方向插入网卡的接口中即可，如图1-39所示。

图1-39　连接网线

1.2.4　连接音箱

　　如果想要在电脑上听音乐、看视频，可以连接音箱，下面介绍连接音箱的具体操作步骤。

　　步骤01　将音箱配套的一端有两个接头的音源线插入音箱背面的音频输入插孔中，注意接头颜色对应插孔颜色,如图 1-40 所示。

步骤 02 将音源线另一端的接头插入主机的声卡插口中,即机箱背面的绿色插孔,如图 1-41 所示。

图 1-40 连接音箱

图 1-41 连接主机

1.2.5 连接主机电源

连接好主要设备后,就可以连接电源线了,确认连接无误后即可进行开机操作。连接主机电源的操作方法如下。

将主机电源线的输入插头插入主机上的电源输出插口中,将电源线的另一端(与冰箱、洗衣机等的插头类似)插入插座上的相应插口中即可,如图 1-42 所示。

图 1-42 连接电源

1.3 启动和关闭电脑

作为电脑初学者,首先要掌握电脑操作的先后顺序,以免因操作错误而导致电脑发生故障。下面介绍如何正确启动和关闭电脑。

1.3.1 启动电脑

电脑开机就是接通电脑的电源,并将电脑启动,登录到 Windows 桌面。开机是非常简单的操作,但是电脑开机与家电开机的方法不一样，必须严格按照正确的顺序来操作，具体操作步骤如下。

步骤 01　连接好电脑外部设备并接通电源，按下显示器上的【电源】按钮，如图 1-43 所示。

步骤 02　按下主机上的【电源】按钮，主机上的电源指示灯亮，同时硬盘灯开始闪烁，表示主机开始启动，如图 1-44 所示。

图 1-43　打开显示器　　　　　　　　　　图 1-44　启动主机

步骤 03　电脑开始进行自检，包括检测电脑中的硬盘、内存、主板等硬件，如图 1-45 所示。

步骤 04　自检完成后，电脑开始启动并登录 Windows 11 桌面，如图 1-46 所示。

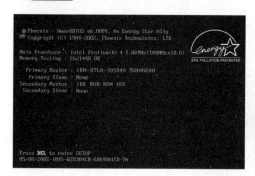

图 1-45　电脑自检　　　　　　　　　　图 1-46　登录 Windows 11 桌面

1.3.2　关闭电脑

当不使用电脑时，需要关闭电脑。在关闭电脑前，要确保已关闭所有应用程序，这样可以避免一些数据丢失。具体操作步骤如下。

步骤 01　将鼠标指针移动到屏幕的下方，单击【开始】按钮▦，在弹出的【开始】屏幕中选择【电源】选项⏻，如图 1-47 所示。

步骤 02　在弹出的扩展菜单中选择【关机】命令。执行以上操作后，电脑将停止运行所有程序并退出操作系统。稍等片刻后，系统将自动断开主机电源。主机关闭以后，再关闭显示器和其他外部设备电源，这样，关闭电脑的操作就完成了，如图 1-48 所示。

图 1-47 选择【电源】选项

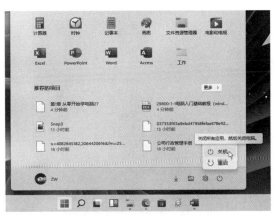

图 1-48 选择【关机】命令

1.3.3 重新启动电脑

当安装了与系统联系比较紧密的新软件或完成系统更新后，往往需要重新启动电脑，某些设置才能生效。如果遇到死机或其他故障，也需要重新启动电脑，具体操作步骤如下。

步骤 01 将鼠标指针移动到屏幕的下方，单击【开始】按钮▦，在弹出的【开始】屏幕中选择【电源】选项⏻，如图 1-49 所示。

步骤 02 在弹出的扩展菜单中选择【重启】命令即可重新启动电脑，如图 1-50 所示。

图 1-49 选择【电源】选项

图 1-50 选择【重启】命令

📖 课堂范例——创建关机的快捷方式

步骤 01 在桌面的空白处右击，在弹出的快捷菜单中选择【新建】命令，在弹出的扩展菜单中选择【快捷方式】命令，如图 1-51 所示。

步骤 02 打开【创建快捷方式】对话框，在【请键入对象的位置】文本框中输入"C:\windows\system32\slidetoshutdown.exe"，然后单击【下一步】按钮，如图 1-52 所示。

图 1-51　选择【快捷方式】命令

图 1-52　输入对象位置

步骤 03　在【键入该快捷方式的名称】文本框中输入"关机快捷方式"，然后单击【完成】按钮，如图 1-53 所示。

步骤 04　此时系统桌面上会生成【关机快捷方式】图标，双击该图标，会出现图 1-54 所示的关机界面，使用鼠标向下拖曳图片即可执行关机操作。

图 1-53　设置快捷键名称

图 1-54　滑动图片

1.4　学习使用鼠标

鼠标是电脑的常用操作设备之一，电脑中很多操作都离不开鼠标。只有学会正确地使用鼠标，才能熟练地掌握电脑的其他操作技能。

1.4.1　认识鼠标指针

启动电脑进入 Windows 界面以后，只要移动鼠标，屏幕上就会出现一个跟随鼠标移动的箭头，这个箭头叫作鼠标指针。

初次使用鼠标时，可能会感觉屏幕上的鼠标指针不听使唤，这时不要着急，可以由慢到快进行多次练习。在稳住重心的前提下，将鼠标前、后、左、右、画圈移动，多多练习才能随心所欲地移动鼠标指针。

在使用电脑的过程中，鼠标指针在不同的位置或系统处于不同的运行状态时，会呈现出不同的形状，初学者往往分不清不同指针形状的含义。只有正确认识不同形状的指针的作用与含义，才能有效地操作电脑。几种常见的鼠标指针形状及其含义如表 1-2 所示。

表 1-2 常见的鼠标指针形状及其含义

指针形状	含义
▷	正常选择状态，可选择当前屏幕中显示的对象
▷⌕	后台运行中，当前对象正在运行，需稍微等待
◯	系统繁忙，当前程序或系统暂时无法进行操作，需稍微等待
⊘	不可用，当前对象无法使用鼠标操作
↕ ↔ ⤢ ⤡	调整状态，调整对象与窗口时显示该形状
✥	移动状态，当前对象将跟随鼠标指针移动位置
☝	链接标记，单击将打开链接对象，多见于网页中
I	文本选择标记，出现在文本编辑状态下，用于选择与输入文本

1.4.2 鼠标的握法

常用的鼠标一般由左键、右键和滚轮组成。在电脑操作中，鼠标左键主要用于选择对象或打开程序；鼠标右键一般用于打开对象的快捷操作菜单；鼠标滚轮用于放大、缩小对象，或者快速浏览文档内容等。

根据连接方式的不同，鼠标又可分为有线鼠标和无线鼠标。由于无线鼠标不受线的束缚，越来越多的用户开始选择它，其外观如图 1-55 所示。

图 1-55 无线鼠标

在操作鼠标时，要采用正确的姿势才能灵活地操控鼠标。

通常，人们将鼠标放在显示器的右侧，操作者用右手握住鼠标。握鼠标的正确方法是：将鼠标平放在鼠标垫或桌面上，手掌心轻贴鼠标后部，拇指放在鼠标左侧，无名指和小指轻放在鼠标右侧，食指和中指自然弯曲，分别轻放于鼠标的左键和右键上。手腕自然放于桌面上，移动鼠标时只需移动手腕，无须移动整个手臂，如图 1-56 所示。

技能拓展　除了基本的左右键和滚轮，有些鼠标还有额外的按键，可以完成一些特殊操作，通过安装专用的鼠标驱动，用户还可以定义这些按键的功能。

图 1-56　鼠标的握法

1.4.3　鼠标的操作

在使用电脑的过程中，无论是选择对象还是执行命令，基本上都是通过鼠标来快速完成操作的。常见的鼠标操作方式可以分为指向、单击、双击、拖曳、右击与滚动 6 种，具体介绍如下。

1. 指向

指向操作又称为移动鼠标，一般情况下用右手握住鼠标来回移动，此时鼠标指针也会在屏幕上同步移动，如图 1-57 所示。将鼠标指针移动到所需的位置就称为指向。

指向操作常用于定位，当要对某一个对象进行操作时，必须先将鼠标指针定位到相应的对象。例如，将鼠标指针指向桌面上的【此电脑】图标，如图 1-58 所示。

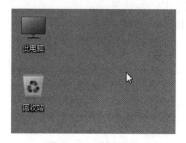

图 1-57　移动鼠标

图 1-58　指向操作

2. 单击

单击也称为点击，是指将鼠标指针指向目标对象后，用食指按下鼠标左键，并快速释放左键的操作。单击操作常用于选择对象、打开菜单及执行命令。

（1）选择对象。例如，将鼠标指针指向桌面上的【回收站】图标，如图 1-59 所示，然后在该图标上单击，就表示选择了【回收站】图标对象，如图 1-60 所示。

图 1-59 指向【回收站】图标

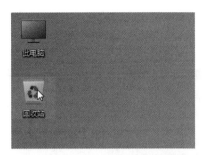

图 1-60 选择【回收站】图标对象

（2）打开菜单。单击鼠标左键，还可以打开要操作的菜单，如打开【开始】屏幕菜单。将鼠标指针指向任务栏左下角的【开始】按钮■，如图 1-61 所示，然后在该按钮上单击，即可打开【开始】屏幕菜单，如图 1-62 所示。

图 1-61 指向【开始】按钮

图 1-62 打开【开始】屏幕菜单

（3）执行命令。单击鼠标左键还有执行命令的功能，如打开【设置】窗口。单击【开始】按钮■，在打开的【开始】屏幕菜单中选择【设置】选项，在打开的窗口中执行需要设置的命令即可，如图 1-63 和图 1-64 所示。

图 1-63 选择【设置】选项

图 1-64 打开【设置】窗口

3. 双击

将鼠标指针指向目标对象后，用食指快速、连续两次按下鼠标左键并释放，就是双击操作，如

图 1-65 所示。双击操作常用于启动某个程序、执行任务、打开某个窗口或文件夹，如图 1-66 所示。

图 1-65　双击

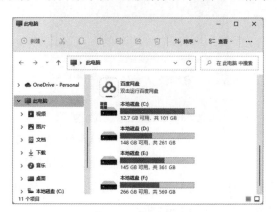

图 1-66　打开窗口

4. 拖曳

拖曳是将对象从一个位置移动到另一个位置的操作。将鼠标指针指向目标对象，按住鼠标左键，移动鼠标指针至指定的位置后，释放鼠标左键即可。该操作常用于移动对象，如图 1-67 所示。

5. 右击

右击是指将鼠标指针指向对象后，按下鼠标右键并快速释放的操作。右击操作常用于打开目标对象的快捷菜单，以选择相应的菜单命令，如图 1-68 所示。

图 1-67　拖曳

图 1-68　右击

6. 滚动

滚动是指用食指前后滚动鼠标上的滚轮，常用于放大、缩小对象，以及长文档的上下滚动显示等。

📖 课堂范例——设置左手使用鼠标

设置左手使用鼠标的具体操作步骤如下。

步骤01　单击【开始】按钮 ▉，在打开的【开始】屏幕菜单中选择【设置】选项 ⚙，如图 1-69 所示。

步骤02　打开【设置】窗口，切换到【蓝牙和其他设置】选项卡，单击【鼠标】选项，如

图 1-70 所示。

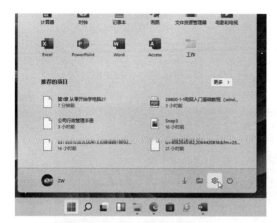

图 1-69　选择【设置】选项

图 1-70　单击【鼠标】选项

> **步骤 03**　打开【鼠标】界面，单击【鼠标左键】右侧的下拉按钮 ∨，如图 1-71 所示。
>
> **步骤 04**　在弹出的下拉菜单中选择【向右键】命令，即可将鼠标更改为左手使用，如图 1-72 所示。

图 1-71　单击下拉按钮

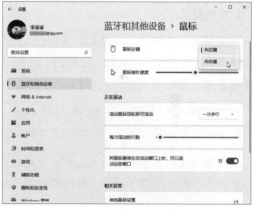

图 1-72　选择【向右键】命令

1.5　学习使用键盘

键盘是电脑中重要的输入设备，熟练掌握键盘的使用方法是输入文字的必要条件。所以，在学习电脑之初，要先认识一下文字的主要输入工具——键盘。

1.5.1　认识键盘的组成分区

根据按键数目的不同，键盘也分为很多种，既有不含数字键盘的紧凑型键盘，也有包括各种功能键的多媒体键盘，但不管是哪种类型的键盘，主要按键在键盘上的排列方式都是大致相同的，在使用方法上也不会有太大的差别。标准键盘的键位一般由功能键区、主键盘区、控制键区、数字键区和状态指示灯区组成。键盘的外观如图 1-73 所示。

图 1-73　键盘的外观

1. 功能键区

功能键区包含取消功能键【Esc】和【F1】至【F12】12 个功能键，有的还包含电源管理键。使用功能键可以快速完成一些操作，如按【F1】键，通常情况下，可以快速打开正在使用软件的帮助文档；如果键盘上有电源管理键，则按【Power】键可以快速关机；按【Sleep】键可以让电脑快速进入睡眠状态；按【WakeUp】键可以快速唤醒电脑。

2. 主键盘区

主键盘区是键盘上最重要的区域，也是使用最频繁的一个区域，它的主要功能是输入数据、文字、字符等内容，包括字母键、数字符号键、功能键、标点符号键和一些特殊键。

在主键盘区中，重要的功能键作用和含义如表 1-3 所示。

表 1-3　主键盘区中重要的功能键的作用

按键	作用
制表定位键 Tab	在进行文字输入时，按下此键，光标将向右移动一个制表位的距离，可以实现光标的快速移动
大写锁定键 Caps Lock	按下此键，状态指示灯区的大写灯亮起，键盘锁定为大写字母输入状态，此时输入的英文字母为大写。再按下此键，大写灯熄灭，输入的英文字母为小写
上档键 Shift	键盘上左右各一个，作用完全相同。按住此键再按下字母键，则输入此字母的大写；按住此键再按下双字符键，则输入这些键位上面的字符
空格键	键盘上最长的键，键上无任何符号。此键主要有两个作用：一是输入空格；二是在某些输入法中输入汉字时，按下空格键，表示编码输入结束

续表

按键	作用
退格键 Back Space	在编辑文字内容时，按下此键可以删除光标左侧的字符，光标同时向左移动一个字符的位置
回车键 ←Enter	此键主要有两个作用：一是确认当前命令并执行；二是在输入文字内容时，按下此键表示换段
Windows键	当启动电脑进入Windows桌面后，按下此键将会打开【开始】屏幕菜单
对象快捷菜单键	按下此键，将会弹出对象的快捷菜单，功能等同于在该对象上右击

3. 控制键区

控制键区位于主键盘区与数字键区之间，它集合了光标定位的相关功能键和屏幕控制键，该区内的按键功能都与光标和屏幕操作有关，具体作用如表1-4所示。

表1-4 控制键区按键的作用

按键	作用
屏幕信息复制键 Print Screen Sys Rq	按下此键，可复制当前屏幕上的信息，然后可通过粘贴命令将信息粘贴出来
屏幕滚动锁定键 Scroll Lock	按下此键后在Excel表格或Word文档中按上、下键时，会锁定光标而滚动页面；再次按此键，则按上、下键时会移动光标而锁定页面
暂停执行键 Pause Break	该键在DOS操作系统下用得比较频繁，按下此键，可以暂停当前正在运行的程序
插入键 Insert	在文字输入中，当此键有效时，输入的字符插入在光标出现的位置；当此键无效时，输入的字符将改写光标右侧的字符
删除键 Delete	可以用来删除光标右侧的字符，按下删除键删除光标右侧字符后光标位置不会改变
行首键 Home	在文字处理软件中，按下此键，可以使光标回到当前行的行首。如果按【Ctrl+Home】组合键，则光标会快速移动到文章的开头
行尾键 End	该键的作用与【Home】键刚好相反。在文字处理软件中，按下此键，光标将移动到当前行的行尾。如果按【Ctrl+End】组合键，则光标会快速移动到文章的末尾
向上翻页键 Page Up	在文字编辑环境下，按下此键可以将文档向前翻一页，如果已达到文档最顶端位置，则按此键不起作用
向下翻页键 Page Down	与【PageUp】键的功能相反。按下此键，会向后翻一页，如果已达到文档末尾的位置，则按此键不起作用
光标移动键	分别向上、下、左、右移动光标

4. 数字键区

数字键区位于键盘的最右侧，共有 17 个键，包括数字键和运算符号键。

> **技能拓展**
>
> 在数字键区有一个【NumLock】键，此键专门用于对数字键区中的数字键进行锁定。按下此键，在此键上面的指示灯区中会有一个指示灯亮起，表示可以通过该键区中的数字键来输入数字。如果此键对应的指示灯不亮，则无法输入该键区中的数字。

1.5.2　操作键盘的正确姿势

前面已经讲解了使用键盘的正确方法，下面详细介绍使用键盘时应注意的姿势。用电脑打字时，必须注意正确的姿势，如图 1-74 所示。如果姿势不对，坐久了容易感到疲劳，影响思维和输入速度。用电脑打字时应注意以下几点。

（1）使用专门的电脑桌椅，电脑桌的高度以坐姿时到达自己胸部为准，座椅应可以调节高度。

（2）身体背部挺直，稍偏于键盘左方并微向前倾，双腿平放于桌下，身体与键盘的距离为 10~20cm。

（3）眼睛的高度应略高于显示器 15°~20°，眼睛与显示器的距离为 30~40cm。显示器应放置于键盘正后方。

（4）两肘轻轻贴于腋窝下方，手指轻放于规定的键位上，手腕平直，双肩自然下垂。

（5）手指保持弯曲，形成勺状放于键盘上，两食指总是保持左食指在【F】键，右食指在【J】键的位置。

图 1-74　用电脑打字的姿势

> **技能拓展**
>
> 在操作电脑时，如果持续时间达到 45 分钟，应稍作休息，可以采用远眺、做眼保健操等方式减轻眼睛的疲劳程度。

1.5.3　合理的手指分工

在进行电脑打字时，使用最多的是主键盘区，若要快速有效地操作键盘，手指的分工很重要。

1. 基准键位

为了规范操作，主键盘区中划分了一个区域，称为基准键位区。准备打字时，除拇指外的其余8根手指分别放在基准键上，左右拇指放在空格键上，手指与键位一一对应，如图1-75所示。

图 1-75 基准键位

2. 指法分工

每根手指除了指定的基准键，还有其他字母键分工，称为范围键。每根手指负责的区域如图1-76所示。

图 1-76 指法分工

1.5.4 正确的击键方法

在用键盘输入内容时，将手指放于基准键位上，当要敲击其他键时，手指就需要从基准键位上抬起并移动到对应的键位上敲击该键。手指击键时应遵守如下规则。

（1）击键前，将双手轻放于基准键位上，左右拇指轻放于空格键上。

（2）手掌以手腕为支点略向上抬起，手指保持弯曲，略微抬起，以指腹击键，注意一定不要以指尖击键。击键动作应轻快、干脆，不可用力过猛。

（3）击键时，只有击键手指做动作，其他手指放在基准键位不动。

（4）手指击完键后，马上回到基准键位，准备下一次击键。

（5）当要敲击其他键时，手指从基准键位出发去敲击其他键。每根手指都有自己负责的区域，在击键时各司其职、互不干扰，而且必须保证每根手指都只敲击自己负责区域的键，不要越位击键。

课堂问答

问题 1：无法正常关机怎么办？

答：在使用电脑的过程中，有时会因为程序异常而导致电脑无法正常关机，此时可以通过以下操作来完成关机操作。

步骤 01　右击"开始"按钮，在弹出的快捷菜单中选择【任务管理器】命令，如图 1-77 所示。

步骤 02　打开【任务管理器】对话框，在【进程】选项卡中选择应用程序，单击【结束任务】按钮关闭应用程序，然后再执行正常的关机操作即可，如图 1-78 所示。

图 1-77　选择【任务管理器】命令　　　　　图 1-78　单击【结束任务】按钮

问题 2：如何调整鼠标指针移动速度？

答：如果觉得鼠标指针的默认移动速度过快或过慢，可以调整鼠标指针的移动速度。

步骤 01　单击【开始】按钮，在打开的【开始】屏幕菜单中选择【设置】选项，打开【设置】窗口。

步骤 02　切换到【蓝牙和其他设备】选项卡，单击【鼠标】选项，如图 1-79 所示。

步骤 03　打开【鼠标】界面，拖曳【鼠标指针速度】右侧的滑块，即可调整鼠标指针的移动速度，如图 1-80 所示。

图 1-79　单击【鼠标】选项　　　　　　　　图 1-80　拖曳滑块

上机实战——练习鼠标的操作

为了巩固本章知识点，下面讲解使用鼠标进行移动和打开操作，使读者对本章的知识有更深入的了解。

思路分析

鼠标在电脑中的操作非常重要，正确地使用鼠标可以提高操作电脑的速度。本例主要练习本章所学的鼠标操作方法，加强对鼠标的操作练习。

制作步骤

步骤01 拖曳【此电脑】图标至桌面的任意位置，如图1-81所示。

步骤02 在【此电脑】图标上双击，如图1-82所示。

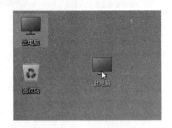

图1-81 拖曳图标　　　　　　　　　图1-82 双击图标

步骤03 打开【此电脑】窗口，右击【本地磁盘（C:）】，然后在弹出的快捷菜单中选择【打开】命令，如图1-83所示。

步骤04 执行以上操作后，即可打开【本地磁盘（C:）】窗口，如图1-84所示。

图1-83 选择【打开】命令　　　　　图1-84 打开【本地磁盘（C:）】窗口

同步训练——连接电脑的主要设备

为了增强读者的动手能力，下面安排一个同步训练案例，让读者达到举一反三、触类旁通的学习效果。

思路分析

电脑是由若干个电脑设备组合而成的，在连接电脑的主要设备时，需要将接头插入对应的插口中。而电脑的接头种类很多，在连接时需要注意一一对应。

关键步骤

步骤 01　连接显示器：将显示器信号连接线的一端插在机箱后侧显卡接口上，连接时对准显卡接口插入信号连接线接头，并拧紧两边的螺丝，如图 1-85 所示。

步骤 02　连接鼠标和键盘：注意鼠标和键盘接口插头的凹形槽方向与接口的凹形卡口要相对应，如果方向不对则插不进去，如图 1-86 所示。

图 1-85　连接显示器

图 1-86　连接鼠标和键盘

步骤 03　连接网线：现在的主板基本上都集成了网卡，只需将网线的接头（与电话线接头类似）插入主机上的网卡接口中即可，如图 1-87 所示。

步骤 04　连接音箱和麦克风：将音箱或耳机的绿色插头插入绿色的音频输出孔中，将麦克风或耳麦的粉红色插头插入粉红色音频输入孔中，如图 1-88 所示。

图 1-87　连接网线

图 1-88　连接音箱和麦克风

步骤 05　连接摄像头：摄像头的连接线接口通常是USB类型的，连接方法很简单，只需将摄像头连接线的长方形接头按正确的方向（方向不正确不能插入）插入主机上的任意一个USB接口中即可，如图 1-89 所示。

步骤 06　连接电源线：连接时将主机电源线的输入插头插入主机上的电源输出插孔中，将电源线的另一端（与冰箱、洗衣机等插头类似）插入插座上的相应插孔中即可，如图 1-90 所示。

图 1-89 连接摄像头

图 1-90 连接电源线

知识能力测试

本章讲解了电脑的基础应用，为对所学知识进行巩固和考核，布置相应的练习题。

一、填空题

1. 电脑主机机箱中安装了必备的核心硬件，包括__________、__________、__________、__________、__________、__________。

2. 常见的鼠标按键由__________、__________和__________组成。

3. 鼠标左键主要用于__________；鼠标右键一般用于__________。

二、选择题

1. 以下鼠标指针形状中，(　　)表示链接。

A. ↖　　B. ✥　　C. ☝　　D. I

2. 主键盘区是键盘上最重要的区域，按(　　)键可以执行大写锁定。

A. Tab　　B. Back Space　　C. Shift　　D. Caps Lock

3. (　　)是将对象从一个位置移动到另一个位置的操作。

A. 右键　　B. 拖曳　　C. 指向　　D. 双击

三、简答题

1. 启动电脑的正确顺序是什么？

2. 操作键盘的正确姿势包括哪几个方面？

Windows 11+Office 2021

第2章
轻松使用Windows 11系统

　　学习电脑主要是学习电脑软件的操作与应用。人们日常接触到的应用软件大多是基于Windows操作系统的。作为当前的主流操作系统，Windows 11外观漂亮、易学易用。本章主要讲解Windows 11 操作系统的基本使用方法和设置技巧。

学习目标

- 学会设置桌面的方法。
- 熟练掌握窗口的操作方法。
- 熟练掌握菜单和对话框的操作方法。
- 熟练掌握【开始】屏幕的使用方法。

2.1 桌面的基本操作

在启动电脑进入系统后，屏幕上显示的界面就是Windows桌面，Windows 11 操作系统的桌面较以往的版本有了全新的改变，初次见到Windows 11 操作系统的桌面，往往不知该如何下手，下面就来认识和了解一下 Windows 11 操作系统的桌面。

2.1.1　桌面的组成

Windows 11 是微软于 2021 年推出的客户端版本操作系统，它在以往操作系统版本的基础上做了较大的调整和更新。在 Windows 11 操作系统中，桌面是由桌面背景、桌面图标和任务栏组成的，如图 2-1 所示。

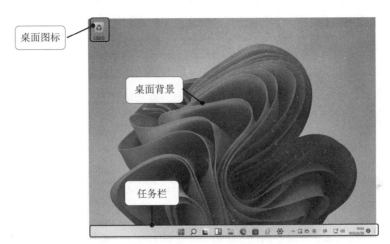

图 2-1　Windows 11 操作系统桌面

1. 桌面背景

桌面背景即桌面的背景图片，Windows 11 操作系统中提供了多种背景图片，用户可以随意更换，还可以将电脑中保存的图片文件设置为桌面背景。

2. 桌面图标

桌面图标用于打开对应的窗口或运行相应的程序。通常桌面图标可分为系统图标和应用程序图标，如图 2-2 所示。

图 2-2　桌面图标

3. 任务栏

任务栏是位于桌面底端的水平长条，由一系列功能组件组成，从左到右依次为【开始】按钮 ▦、程序按钮区、通知区域及【显示桌面】按钮 ▮，如图 2-3 所示。

图 2-3　任务栏

2.1.2 桌面图标的基本操作

Windows桌面图标可以分为系统图标和应用程序图标两种。系统图标是指安装Windows时自动生成的图标，主要用于打开系统组件；应用程序图标是指在电脑中安装相关软件后所创建的程序图标。在使用电脑时，可以结合自己的使用习惯，对桌面图标进行添加、显示、隐藏和排列等基本操作，让电脑使用起来更加方便。

1. 添加桌面图标

在Windows 11操作系统中，系统图标主要有此电脑、网络、用户的文件、回收站和控制面板。安装Windows 11操作系统后，桌面上只有【回收站】一个系统图标，用户可以使用以下方法将其他系统图标显示出来，具体操作步骤如下。

步骤 01　在桌面的任意空白处右击，在弹出的快捷菜单中选择【个性化】命令，如图2-4所示。

步骤 02　在弹出的【设置-个性化】窗口中选择【主题】选项，如图2-5所示。

图2-4　选择【个性化】命令

图2-5　选择【主题】选项

步骤 03　打开【主题】界面，选择【桌面图标设置】选项，如图2-6所示。

步骤 04　弹出【桌面图标设置】对话框，在【桌面图标】栏中选中需要显示的系统图标前的复选框，完成后单击【确定】按钮即可，如图2-7所示。

图2-6　选择【桌面图标设置】选项

图2-7　选中复选框

2. 更改桌面图标大小

在 Windows 11 操作系统中，可以设置桌面图标的显示大小。例如，将桌面图标设置为大图标，便于查看和操作，具体操作步骤如下。

步骤 01 在桌面的任意空白处右击，在弹出的快捷菜单中选择【查看】选项，在弹出的扩展菜单中选择【大图标】选项，如图 2-8 所示。

步骤 02 图标更改后的大小如图 2-9 所示。

图 2-8 选择【大图标】选项　　　　　　　　图 2-9 查看大图标

3. 排列桌面图标

在桌面上创建了大量的图标或任意摆放图标位置后，如果桌面上的图标很混乱，可以将这些图标按照一定的顺序进行排列，具体操作步骤如下。

步骤 01 在桌面的任意空白处右击，在弹出的快捷菜单中选择【排序方式】选项，在弹出的扩展菜单中选择排序方式，如选择【项目类型】选项，如图 2-10 所示。

步骤 02 桌面上的图标即会按照选择的排序方式排列，如图 2-11 所示。

图 2-10 选择【项目类型】选项　　　　　　　图 2-11 查看排列效果

技能拓展

Windows 11 操作系统为用户提供了多种排序方式，可以根据需要调整图标的排序方式。

（1）名称：按图标的汉字拼音或英文字母 A~Z 的先后顺序进行排列。

（2）大小：按对象的大小进行排列。

（3）类型：将同一种类型的图标排列在一起。

（4）修改时间：按对象修改时间的先后顺序进行排列。

2.1.3 设置任务栏

任务栏是 Windows 11 操作系统中的重要操作区，人们在使用电脑中的各种程序时，可以通过任务栏来切换程序、管理窗口，以及了解系统与程序的状态等。在以往的版本中，任务栏的结构基本是一成不变的，而在 Windows 11 操作系统中，任务栏不仅变得更加灵活，而且作用也更加丰富。

1. 将常用程序图标添加到快速启动栏

将常用程序图标添加到快速启动栏，可以方便用户快速打开程序，具体操作方法如下。

步骤 01　单击【开始】按钮▦，在打开的【开始】屏幕中单击【所有应用】按钮，如图 2-12 所示。

步骤 02　在打开的【所有应用】菜单中找到需要添加到快速启动栏的程序并右击，在弹出的快捷菜单中选择【更多】选项，在弹出的扩展菜单中选择【固定到任务栏】选项，如图 2-13 所示。

步骤 03　执行以上操作后，即可在任务栏中看到所选图标，如果想要删除任务栏中的图标，可以在任务栏中右击该图标，在弹出的快捷菜单中选择【从任务栏取消固定】选项，如图 2-14 所示。

图 2-12　单击【所有应用】按钮　　图 2-13　固定图标　　图 2-14　删除图标

2. 自定义通知区域

通知区域位于任务栏右侧，显示了系统时间、系统状态，以及一些特定程序（如 QQ、杀毒软件）的通知图标，用户可以根据使用需要，调整通知区域中图标的显示与隐藏，具体操作步骤如下。

步骤 01　在任务栏上右击，在弹出的快捷菜单中选择【任务栏设置】命令，如图 2-15 所示。

步骤 02　打开【设置】窗口的【任务栏】界面，在【任务栏角溢出】列表中单击要显示在通知区域的程序名称右侧的按钮，即可显示或隐藏相应图标，如图 2-16 所示。

图 2-15　选择【任务栏设置】命令

图 2-16　单击开关按钮

课堂范例——设置任务栏的对齐方式

步骤 01　使用前文所学的方法打开【设置】窗口的【任务栏】界面，在【任务栏行为】栏的【任务栏对齐方式】下拉列表中选择一种对齐方式，如【左】，如图 2-17 所示。

步骤 02　设置完成后返回桌面即可看到任务栏中的程序图标已经左对齐，如图 2-18 所示。

图 2-17　选择任务栏对方方式

图 2-18　查看效果

2.2　窗口的基本操作

Windows 操作系统是由一个个窗口组成的，因此对窗口的操作也是 Windows 操作系统中最频繁的操作，在学习电脑操作时，窗口的操作是必须熟练掌握的内容。

2.2.1　更改窗口显示方式

窗口通常有 3 种显示方式，分别是全屏显示、占据屏幕的一部分显示，以及将窗口隐藏。改变窗口的显示方式涉及 3 个操作，即最大化、还原和最小化窗口，下面分别进行讲解。

（1）最大化：如果窗口较小不便操作，可以将窗口最大化到整个屏幕，方法是单击窗口右上角的【最大化】按钮□。

（2）还原：最大化窗口后，【最大化】按钮变为【向下还原】按钮🗗，单击该按钮，窗口将返回最大化前的状态。

（3）最小化：最小化窗口可以使窗口暂时不在屏幕上显示，方法是单击窗口右上角的【最小化】按钮一。最小化窗口后，窗口并未关闭，只要单击任务栏上相应的任务按钮，即可恢复窗口的显示。

2.2.2 移动窗口

移动窗口就是改变窗口在桌面上的位置。

移动窗口的方法很简单，只需将鼠标指针指向窗口顶部的空白区域，然后按住鼠标左键并拖曳鼠标，如图 2-19 所示，此时窗口会跟随鼠标指针一起移动，移动到需要的位置后释放鼠标左键即可，如图 2-20 所示。

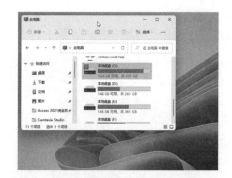
图 2-19　将鼠标指针指向窗口顶部空白区域

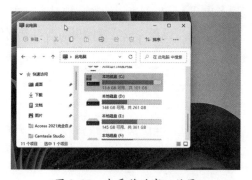
图 2-20　查看移动窗口效果

2.2.3 缩放窗口

如果需要改变窗口的大小，可以对窗口进行缩放操作。将鼠标指针移动到窗口的边框或边角上，当鼠标指针变成双向箭头形状时，如图 2-21 所示，按住鼠标左键并拖曳边框到合适的大小即可，如图 2-22 所示。

图 2-21　将鼠标指针移动到窗口边角

图 2-22　查看缩放窗口效果

2.2.4 切换窗口

如果打开了多个窗口，要在某个窗口中进行程序操作或文件编辑时，需要先选择该窗口为当前窗口。当前窗口会在最前端显示，并且窗口颜色比其他窗口要鲜明。切换窗口的基本方式有以下几种。

（1）单击该窗口任意位置，切换到该窗口，如图 2-23 所示。

（2）按【Alt+Tab】组合键，可切换窗口，如图 2-24 所示。

图 2-23　单击窗口

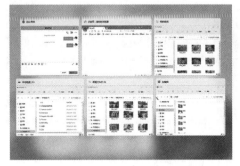

图 2-24　按【Alt+Tab】组合键

（3）单击任务栏上的按钮可以打开对应的窗口，如图 2-25 所示。如果用户打开的窗口过多，系统会自动将所有窗口在任务栏中进行分组排列，此时只需单击任务栏中的窗口组按钮，在弹出的窗口列表中单击要切换的窗口即可，如图 2-26 所示。

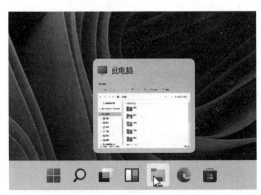

图 2-25　单击任务栏按钮

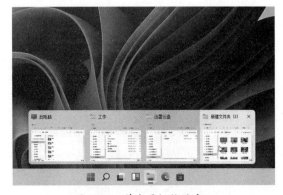

图 2-26　单击要切换的窗口

2.2.5 关闭窗口

当不再需要使用当前打开的窗口时，可以单击窗口标题栏中的【关闭】按钮 × 将窗口关闭，如图 2-27 所示。关闭窗口后，任务栏中对应的窗口按钮也会消失。

当把鼠标指针指向任务栏上的窗口缩略图标时，会弹出横向预览窗口。除了预览窗口内容，用户还可以通过预览窗

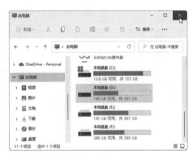

图 2-27　单击【关闭】按钮

口对程序进行切换和关闭操作。单击目标窗口对应的预览窗口，窗口即可变为当前活动窗口，单击预览窗口右上角的【关闭】按钮×，即可关闭对应的窗口，如图2-28所示。

　　用户也可以通过右键快捷菜单关闭窗口。例如，在任务栏的横向预览窗口中将鼠标指针指向要关闭的窗口后右击，在弹出的快捷菜单中选择【关闭所有窗口】命令，如图2-29所示。

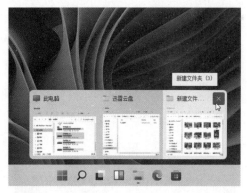

图2-28　单击预览窗口右上角的【关闭】按钮　　　　图2-29　选择【关闭所有窗口】命令

■■ 课堂范例——使用分屏功能

　　使用分屏功能的具体操作步骤如下。

步骤01　在应用程序上按住鼠标左键，向左拖曳，直至屏幕上出现分屏提示框，如图2-30所示。

步骤02　释放鼠标左键，即可查看分屏后的效果，如图2-31所示。

图2-30　拖曳应用程序　　　　　　　　图2-31　查看分屏后的效果

2.3　认识菜单与对话框

　　与窗口一样，菜单和对话框也是Windows操作系统重要的组件之一，通过菜单可以执行需要的命令，而通过对话框可以完成不同的设置，下面介绍什么是菜单和对话框。

2.3.1 认识菜单

菜单是组织和执行程序命令的控件，以列表的形式将程序命令罗列出来。菜单是由若干命令和扩展菜单组成的选项组，用户通过选择命令进行相应的操作。菜单可分为快捷菜单和窗口菜单两种。

1. 快捷菜单

快捷菜单是指右击某个特定的目标或对象时，在右击的位置弹出的针对该对象的功能菜单。快捷菜单中包含与被右击对象有关的各种操作命令，其内容根据操作对象的不同而有所不同。

图 2-32、图 2-33、图 2-34 所示是一些常见的快捷菜单。

图 2-32 【此电脑】快捷菜单　　　图 2-33 桌面快捷菜单　　　图 2-34 文件快捷菜单

打开快捷菜单后，将鼠标指针指向需要执行的命令，单击该命令即可实现相应的功能。

菜单上某些命令后面有黑色的小箭头【 > 】，表示选择该命令会弹出扩展菜单。扩展菜单的操作方法同主菜单一样，如图 2-35 所示。

图 2-35 打开扩展菜单

> **技能拓展**
> 将鼠标指针指向带有黑色小箭头的菜单命令，停留 1~2 秒后会自动出现扩展菜单。

2. 窗口菜单

窗口菜单是许多程序窗口的重要组成部分，它是窗口中操作命令的分类组合。一个程序中通常有几十个甚至几百个操作命令，这些命令不可能都显示在程序界面中，于是便以菜单的形式分类放置。单击某个菜单项，便可打开相应的菜单。

图 2-36 和图 2-37 所示是一些常用程序中的窗口菜单。

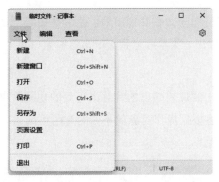

图 2-36 【文件】窗口菜单

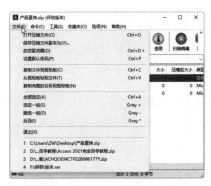

图 2-37 【文件】窗口菜单

打开窗口菜单后，接下来的操作与快捷菜单相同，只需将鼠标指针移动到打开的菜单中，选择需要的命令即可。

> **技能拓展**
> 菜单中可能会有一些命令是灰色的，表示该命令目前不能使用。若命令后带有 ••• 标记，表示选择它会打开一个对话框。

2.3.2 认识对话框

对话框是用户更改程序设置或提交信息的特殊窗口，与普通窗口不同的是，通常对话框大小固定，不能进行缩放和最大化等操作。图 2-38 和图 2-39 所示是一些常见的对话框。

图 2-38 【系统属性】对话框

图 2-39 【段落】对话框

对话框通常包含许多不同的元素，如选项卡、按钮、单选按钮、复选框等。对话框通过这些元素来提交用户的设置，下面分别进行介绍。

（1）选项卡：它将一些复杂的对话框分为多页，选择不同的选项卡可以显示对话框的不同页面，如图 2-40 所示。

（2）按钮：单击按钮可以实现按钮名称所代表的功能，按钮名称后带有…表示单击该按钮会弹出新的对话框，如图 2-41 所示。

（3）单选按钮：由两个以上的选项组成，用户只能选中其中一项，选中某个单选按钮即表示选中该项，如图 2-42 所示。

图 2-40　选项卡

图 2-41　按钮

图 2-42　单选按钮

（4）复选框：由一个以上的选项组成，每个选项独立存在，用户可选中或取消选中其中的任意一项，可多选也可全部不选。选中某个复选框表示选中该项，如图 2-43 所示。

（5）数值框：为某项设置提供参数，用户可以单击数值框右侧的上下箭头改变框中的数值，也可以将光标定位到框中，在框中输入数值，如图 2-44 所示。

（6）滑块：标有数值、刻度的可拖曳的滑块。用鼠标拖曳滑块可调节该项参数的大小、等级、数值等，如图 2-45 所示。

图 2-43　复选框

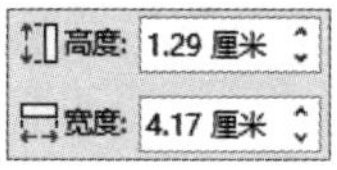

图 2-44　数值框

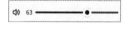

图 2-45　滑块

（7）文本框：用来输入文本。在文本框中单击，将出现一个闪烁的插入光标，此时即可输入所需的文本，如图 2-46 所示。

（8）列表框：列出了有关某个设置的有效选项供用户选择。列表框分为固定列表框和下拉式列表框。固定列表框大小固定，单击列表框中的某个选项即可选择该选项，如图 2-47 所示；下拉式列表框将选项列表隐藏，单击列表框右侧的下拉按钮将弹出选项列表，如图 2-48 所示。

图 2-46　文本框

图 2-47　固定列表框

图 2-48　下拉式列表框

2.4　认识【开始】屏幕和【小组件】面板

在 Windows 11 操作系统中，【开始】屏幕和动态磁力贴功能分为两个版块，分别是【开始】屏幕和【小组件】面板。

2.4.1　认识【开始】屏幕

　　【开始】屏幕可以通过单击【开始】按钮██打开，打开【开始】屏幕之后，就可以查看【开始】屏幕的主要内容。【开始】屏幕包含固定的应用程序、最近的文件和应用程序推荐、搜索框及快速关闭或重新启动设备的功能。

　　相较于之前的版本，Windows 11 操作系统采用更传统的应用程序启动器，具有经典图标和带有圆角的最小设计，为用户提供了更一致、简单和实用的体验，如图 2-49 所示。

图 2-49　【开始】屏幕

2.4.2　将文件夹固定到【开始】屏幕

　　在 Windows 11 操作系统中，用户可以将常用的文件夹和应用程序固定到【开始】屏幕中，以方便快速查找与打开。例如，要将文件夹固定到【开始】屏幕，操作方法如下。

　　步骤 01　打开文件资源管理器，右击要固定到【开始】屏幕的文件夹，在弹出的快捷菜单中选择【固定到"开始"屏幕】命令，即可将该文件夹固定到【开始】屏幕，如图 2-50 所示。

　　步骤 02　如果想要将文件夹从【开始】屏幕中删除，可以右击文件夹图标，在弹出的快捷菜单中选择【从"开始"屏幕取消固定】选项，如图 2-51 所示。

图 2-50　固定文件夹

图 2-51　取消固定

2.4.3　使用小组件面板

　　在 Windows 11 操作系统中，小组件功能替代了 Windows 10 操作系统中的动态磁力贴，用户可以使用小组件，获取新闻、天气、地图等信息。在使用小组件时，可以根据情况，选择感兴趣的小组件，删除不需要的小组件，操作方法如下。

步骤 01 单击任务栏中的小组件按钮 ，打开小组件面板，可以查看默认的小组件面板，单击任意小组件，可以查看详细信息，如图 2-52 所示。

步骤 02 如果要添加小组件，可以单击小组件面板右上角的【添加小组件】按钮 ，如图 2-53 所示。

图 2-52 小组件面板

图 2-53 单击【添加小组件】按钮

> **温馨提示**
> 使用小组件功能需要登录 Microsoft 账户，注册及登录方法见本书 3.3.1 节"注册和登录 Microsoft 账户"。

步骤 03 打开【小组件设置】对话框，在【添加小组件】列表框中选择要添加的小组件，如图 2-54 所示。

步骤 04 返回小组件面板，可以看到添加的小组件，如图 2-55 所示。

图 2-54 添加小组件

图 2-55 查看小组件

课堂范例——置顶【开始】屏幕中的文件夹

将【开始】屏幕中的文件夹置顶的操作步骤如下。

步骤 01 在【开始】屏幕中右击要置顶的文件夹，在弹出的快捷菜单中选择【移到顶部】命令，如图 2-56 所示。

步骤 02 操作完成后，即可看到该文件夹已经移动到顶部，如图 2-57 所示。

图 2-56　选择【移到顶部】命令　　　　图 2-57　查看效果

📖 课堂问答

问题 1：如何隐藏任务栏？

答：隐藏任务栏可以获得更大的显示界面，隐藏任务栏的操作方法如下。

步骤 01 在任务栏上单击鼠标右键，在弹出的快捷菜单中选择【任务栏设置】选项，如图 2-58 所示。

步骤 02 打开【设置】对话框并自动进入【任务栏】界面，在右侧的窗格中展开【任务栏行为】列表，勾选【自动隐藏任务栏】复选框即可，如图 2-59 所示。

图 2-58　选择【任务栏设置】选项　　　　图 2-59　勾选复选框

问题 2：如何关闭任务栏图标显示？

答：任务栏中默认显示搜索、任务视图、小组件等图标，如果想关闭图标，可以通过以下操作步骤来完成。

步骤 01 在任务栏上单击鼠标右键，在弹出的快捷菜单中选择【任务栏设置】选项，如图 2-60 所示。

步骤 02 打开【设置】对话框并自动进入【任务栏】界面，在【任务栏项】下方要关闭的图标右侧单击开关按钮，将其设置为【关】即可，如图 2-61 所示。

图 2-60 选择【任务栏设置】选项

图 2-61 打开或关闭任务栏图标

上机实战——使用虚拟桌面

为了巩固本章知识点，下面介绍如何使用虚拟桌面，如图 2-62 所示，使读者对本章的知识有更深入的了解。

效果展示

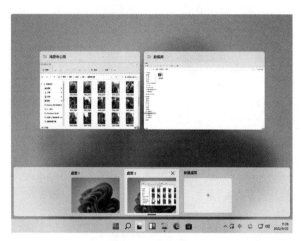

图 2-62 虚拟桌面

思路分析

虚拟桌面是 Windows 11 操作系统中比较有特色的功能，可以把程序放在不同的桌面上。例如，办公一个桌面，娱乐一个桌面，让用户的工作更有条理。

本例首先新建一个桌面，然后将相同类型的程序放在同一桌面上，再删除不需要的桌面。

制作步骤

步骤01 单击任务栏上的【任务视图】按钮，进入虚拟桌面操作界面，单击右下角的【新建桌面】按钮即可新建一个名为【桌面 2】的桌面，如图 2-63 所示。

步骤02 进入【桌面 1】操作界面，在需要移动的程序窗口上右击，在弹出的快捷菜单中选择【移动到】命令，在打开的扩展菜单中选择【桌面 2】选项，如图 2-64 所示。

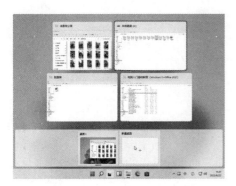

图 2-63　单击【新建桌面】按钮

图 2-64　选择【桌面 2】选项

步骤 03　将程序移动到【桌面 2】中，然后使用相同的方法移动其他程序到【桌面 2】中，如图 2-65 所示。

步骤 04　如果不再需要虚拟桌面，可以单击桌面右上角的【删除】按钮×，删除桌面，如图 2-66 所示。

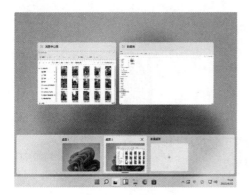

图 2-65　移动其他程序到【桌面 2】中

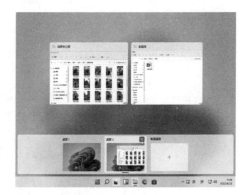

图 2-66　删除桌面

⊕ 同步训练——放大桌面字体

为了增强读者的动手能力，下面安排一个同步训练案例，让读者达到举一反三、触类旁通的学习效果。

思路分析

在使用电脑时，如果觉得默认的桌面字体太小，可以放大桌面字体。本例通过更改显示设置更改桌面字体的大小，更改完成后窗口的字体大小也会随之更改。

关键步骤

步骤 01　在桌面空白处右击，在弹出的快捷菜单中选择【显示设置】命令，如图 2-67 所示。

步骤 02　打开【设置】窗口，并自动进入【显示】界面，在【规模与布局】栏的【缩放】下拉菜单中选择合适的百分比即可调整文本、应用和其他项目的大小，如图 2-68 所示。

图 2-67　选择【显示设置】命令

图 2-68　选择大小

知识能力测试

本章讲解了 Windows 11 操作系统的基本使用方法，为了对知识进行巩固和考核，布置相应的练习题。

一、填空题

1. 桌面由 _____、_____、_____组成。

2. 在 Windows 11 操作系统中，系统图标主要有 _____、_____、_____、_____和 _____。

3. _____是指右击某个特定的目标或对象时，在右击的位置弹出的针对该对象的功能菜单。

二、选择题

1. 如果桌面上的图标很混乱，可以将这些图标按照一定的顺序进行排列，选择（　　　）可以将图标按图标的汉字拼音或英文字母 A~Z 先后顺序进行排列。

A.【名称】　　　　　　B.【大小】　　　　　　C.【类型】　　　　　　D.【修改时间】

2. 如果打开了多个窗口，按（　　　）组合键可以切换窗口。

A.【Ctrl+Shift】　　　　B.【Alt+Tab】　　　　C.【Alt+ Shift】　　　　D.【Ctrl +Tab】

3. 位于任务栏最右侧，显示系统时间、系统状态，以及一些特定程序的区域称为（　　　）。

A.【快速启动栏】　　　　　　　　　　　B.【开始菜单】

C.【自定义通知区域】　　　　　　　　　D.【窗口】

三、简答题

1. 如何把 QQ 图标固定到任务栏？

2. 如何更改桌面图标的大小？

Windows 11+Office 2021

第3章
打造个性化系统

　　Windows 11 操作系统是一个非常个性化的系统，用户可以根据需要更改一些常用的系统设置，如更改屏幕保护程序、设置显示器的分辨率、修改系统时间和创建账户等，以满足自己的使用习惯和要求。本章具体介绍设置个性化系统的基本操作方法。

学习目标

- 学会设置电脑桌面的方法。
- 学会设置电脑分辨率的方法。
- 熟练掌握系统常用设置。
- 熟练掌握设置账户的方法。

3.1 电脑的显示设置

在Windows 11操作系统中，用户可以根据需要设置桌面背景、屏幕保护程序等，以更改系统外观，美化操作系统。

3.1.1 更改桌面背景

Windows 11操作系统的桌面背景是一张图片，可以随时进行更换。用户可以选择系统图片作为电脑的桌面背景，也可以将旅游时拍摄的风景照片和家人照片设置为桌面背景。更改桌面背景的具体操作步骤如下。

步骤01 在桌面空白处右击，在弹出的快捷菜单中选择【个性化】命令，打开【设置—个性化】窗口，单击右侧的【背景】选项，如图3-1所示。

步骤02 在右侧的图片栏中选择一张图片即可将其设置为桌面背景。如果想要设置本地图片作为桌面背景，可以单击【浏览照片】按钮，如图3-2所示。

图3-1 单击【背景】选项

图3-2 单击【浏览照片】按钮

步骤03 打开【打开】对话框，在本地磁盘中选择一张图片，然后单击【选择图片】按钮，如图3-3所示。

步骤04 设置完成后关闭【设置】窗口，返回桌面即可看到所选图片已经被设置为桌面背景，如图3-4所示。

图3-3 选择图片

图3-4 查看桌面背景

3.1.2 设置屏幕保护程序

当一段时间没有对鼠标和键盘进行任何操作时，系统会自动启动屏幕保护程序，通过不断变化的图形来避免电子束长期轰击荧光层的相同区域，从而起到保护显示器屏幕的作用。设置屏幕保护程序的操作步骤如下。

步骤 01 在桌面空白处右击，在弹出的快捷菜单中选择【个性化】命令，打开【设置—个性化】窗口，单击右侧的【锁屏界面】选项，如图 3-5 所示。

步骤 02 打开【个性化>锁屏界面】界面，单击【屏幕保护程序】选项，如图 3-6 所示。

图 3-5　单击【锁屏界面】选项

步骤 03 打开【屏幕保护程序设置】对话框，在【屏幕保护程序】下拉列表中选择合适的程序选项，在【等待】数值框中输入显示屏保的等待时间，完成后单击【确定】按钮即可，如图 3-7 所示。

图 3-6　单击【屏幕保护程序】选项

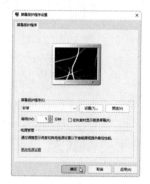

图 3-7　设置屏幕保护程序

3.1.3 设置显示器分辨率

一般情况下，Windows 11 操作系统会自动设置显示器的分辨率，但有时也需要手动设置，如将电脑外接到其他显示器或电视上，这时就需要根据情况来调节分辨率，具体操作步骤如下。

步骤 01 在桌面空白处右击，在弹出的快捷菜单中选择【显示设置】命令，如图 3-8 所示。

图 3-8　选择【显示设置】命令

步骤 02　打开【系统>显示】界面，在【显示分辨率】下拉列表中选择需要的分辨率，如图 3-9 所示。

步骤 03　系统将自动调整分辨率，在弹出的提示对话框中单击【保留更改】按钮，即可保存设置，如图 3-10 所示。

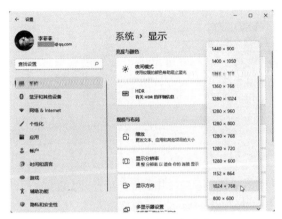

图 3-9　选择需要的分辨率

图 3-10　保存设置

3.1.4　设置锁屏界面

Windows 11 操作系统的锁屏界面主要用于保护电脑的隐私安全，还可以在不关机的情况下省电。在锁屏状态时显示的界面被称为锁屏界面，用户可以自行设置锁屏界面，具体操作步骤如下。

步骤 01　在桌面空白处右击，在弹出的快捷菜单中选择【个性化】命令，打开【设置—个性化】窗口，单击【锁屏界面】选项，如图 3-11 所示。

步骤 02　在【个性化>锁屏界面】界面中，在右侧的【个性化锁屏界面】下拉列表中选择【图片】选项，如图 3-12 所示。

图 3-11　单击【锁屏界面】选项

图 3-12　选择【图片】选项

步骤 03　在【最近使用的图像】栏中单击任意图片即可将其设置为锁屏界面，如图 3-13 所示。

图 3-13　设置锁屏界面

课堂范例——设置电脑主题

设置电脑主题的具体操作步骤如下。

步骤 01　在桌面空白处右击，在弹出的快捷菜单中选择【个性化】命令，打开【设置—个性化】窗口，在左侧选择【主题】选项，在右侧选择一种主题样式，如图 3-14 所示。

步骤 02　操作完成后，即可看到主题已经更改，如图 3-15 所示。

图 3-14　选择主题样式

图 3-15　查看主题

3.2　电脑的常用设置

在设置电脑时，除了可以设置显示效果，还可以设置时间、声音等效果，让用户使用电脑更方便。

3.2.1　设置系统日期和时间

在 Windows 11 操作系统任务栏的通知区域右侧，默认显示了当前的系统日期和时间，操作系统在执行各项任务时都会参照此时间。如果系统显示的日期或时间不正确，或者有特殊需要，用户可以进行修改。在 Windows 11 操作系统中修改系统日期和时间的具体操作步骤如下。

步骤 01 右击【开始】按钮▓，在弹出的快捷菜单中选择【设置】命令，如图 3-16 所示。

步骤 02 打开【设置】窗口，在左侧选择【时间和语言】选项，在右侧单击【日期和时间】选项，如图 3-17 所示

图 3-16 选择【设置】命令   图 3-17 单击【日期和时间】选项

步骤 03 在【日期和时间】界面中将【自动设置时间】开关按钮设置为【关】，然后单击【手动设置日期和时间】右侧的【更改】按钮，如图 3-18 所示。

步骤 04 打开【更改日期和时间】对话框，分别设置日期和时间，然后单击【更改】按钮即可，如图 3-19 所示。

图 3-18 单击【更改】按钮   图 3-19 设置日期和时间

3.2.2 调节系统音量

通过音箱或耳机，人们可以用电脑听歌、看电影等。因此，控制音量大小的操作必不可少。除了通过音箱或耳机上的音量调节旋钮来控制音量，还可以通过滑块来调节，具体操作步骤如下。

步骤 01 单击任务栏右侧通知区域中的【声音】图标◁◁)，弹出音量控制窗口，拖曳【音量控制】滑块调整音量大小，如图 3-20 所示

步骤 02 如果要设置静音，可以在音量控制窗口中单击◁◁)图标，当该图标变为◁×时，表示电脑已被设置为静音，如图 3-21 所示。

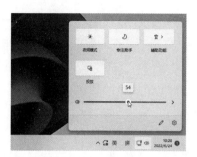

图 3-20 拖曳滑块

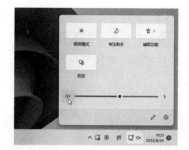

图 3-21 设置静音

课堂范例——打开与关闭夜间模式

打开与关闭夜间模式的操作步骤如下。

步骤 01 单击【开始】按钮▦，在打开的【开始】屏幕中单击【设置】按钮⚙，打开【设置】窗口，在【系统】界面中单击【电源】选项，如图 3-22 所示。

步骤 02 在打开的【电源】界面中，在【屏幕和睡眠】栏的【插入电源时，闲置以下时间后将设备置于睡眠状态】下拉列表中，选择合适的时间即可，如图 3-23 所示。

图 3-22 单击【电源】选项

图 3-23 选择睡眠时间

3.3 Microsoft账户的设置与应用

Microsoft 账户是免费的且易于设置的系统账户，用户可以使用自己所选的任何电子邮件地址完成该账户的注册与登录操作。当用户使用 Microsoft 账户登录自己的电脑或设备时，可以从 Windows 应用商店中获取应用，使用免费云存储备份自己的重要数据文件，并使自己的常用内容保持更新和同步，如设备、照片、好友、游戏和设置等。本节主要介绍 Microsoft 账户的设置与应用方法。

3.3.1 注册和登录Microsoft账户

要使用Microsoft账户管理设备，首先需要在此设备上注册并登录Microsoft账户，具体操作步骤如下。

步骤 01 单击【开始】按钮▦，在打开的【开始】屏幕中单击【设置】按钮⚙，如图 3-24 所示。

步骤 02 打开【设置】窗口，在左侧选择【账户】选项，在右侧单击【账户信息】选项，如图 3-25 所示。

图 3-24 单击【设置】按钮

图 3-25 单击【账户信息】选项

步骤 03 打开【账户>账户信息】界面，单击【改用Microsoft账户登录】链接，如图 3-26 所示。

步骤 04 打开【登录】界面，在文本框中输入Microsoft账户的邮箱或手机号，如果没有Microsoft账户，则单击【创建一个！】链接，如图 3-27 所示。

图 3-26 单击【改用Microsoft账户登录】链接

图 3-27 单击【创建一个！】链接

步骤 05 打开【创建账户】界面，在文本框中输入邮箱地址，然后单击【下一步】按钮，如图 3-28 所示。

步骤 06　打开【创建密码】界面，在文本框中输入密码，然后单击【下一步】按钮，如图 3-29 所示。

步骤 07　打开【你的名字是什么？】界面，根据提示输入姓名，然后单击【下一步】按钮，如图 3-30 所示。

　　　图 3-28　输入邮箱地址　　　　　　图 3-29　输入密码　　　　　　图 3-30　输入姓名

步骤 08　打开【你的出生日期是哪一天？】界面，根据提示输入【国家/地区】和【出生日期】信息，然后单击【下一步】按钮，如图 3-31 所示。

步骤 09　打开【验证电子邮件】界面，在文本框中输入注册邮箱中收到的验证码，如图 3-32 所示。

步骤 10　打开【创建账户】界面，需要回答问题以证明不是机器人，直接单击【下一步】按钮，如图 3-33 所示。

　　　图 3-31　设置出生日期　　　　　图 3-32　输入验证码　　　　图 3-33　单击【下一步】按钮

步骤 11　打开【创建账户】界面，根据提示选择问题的答案，如图 3-34 所示。

步骤 12　选择完成后，即可成功创建账户，如图 3-35 所示。

步骤 13　返回【设置】对话框，即可查看账户的基本信息，如图 3-36 所示。

图 3-34　选择答案

图 3-35　成功创建账户

图 3-36　查看账户基本信息

3.3.2　设置账户头像

登录 Microsoft 账户后可以为账户设置头像，具体操作步骤如下。

步骤 01　打开【账户>账户信息】界面，在【调整照片】栏中单击【浏览文件】按钮，如果有需要，也可以单击【打开照相机】按钮拍摄图像，如图 3-37 所示。

步骤 02　打开【打开】对话框，选择需要作为账户头像的图片，然后单击【选择图片】按钮，如图 3-38 所示。

步骤 03　返回【账户>账户信息】界面即可看到所选图片已经设置为头像，如图 3-39 所示。

图 3-37　选择头像来源　　　　图 3-38　选择头像图片　　　　图 3-39　查看头像效果

3.3.3　将Microsoft账户切换到普通账户

将 Microsoft 账户切换到普通账户的具体操作步骤如下。

步骤 01　打开【账户>账户信息】界面，在【账户设置】栏中单击【改用本地账户登录】链接，如图 3-40 所示。

步骤 02　打开【是否确定要切换到本地账户？】对话框，单击【下一页】按钮，如图 3-41 所示。

图 3-40　单击【改用本地账户登录】链接

图 3-41　单击【下一页】按钮

电脑入门基础教程（Windows 11+Office 2021）

步骤 03　打开【确保是你本人】对话框，输入密码，然后单击【确定】按钮，如图 3-42 所示。

步骤 04　打开【输入你的本地账户信息】对话框，输入本地账户的用户名、密码和密码提示等信息，然后单击【下一页】按钮，如图 3-43 所示。

步骤 05　在打开的【切换到本地账户】对话框中单击【注销并完成】按钮，即可切换到本地账户，如图 3-44 所示。

图 3-42　输入密码

图 3-43　输入本地账户信息

图 3-44　单击【注销并完成】按钮

课堂范例——使用图片密码

使用图片密码的具体操作步骤如下。

步骤 01　打开【账户>登录选项】界面，展开【图片密码】栏后单击【添加】按钮，如图 3-45 所示。

步骤 02　弹出【Windows 安全中心】对话框，在文本框中输入账户密码，然后单击【确定】按钮，如图 3-46 所示。

步骤 03　进入【图片密码】窗口，单击【选择图片】按钮，如图 3-47 所示。

步骤 04　打开【打开】对话框，选择用于创建图片密码的图片，然后单击【打开】按钮，如图 3-48 所示。

图 3-45　单击【添加】按钮

图 3-46　输入账户密码

图 3-47　单击【选择图片】按钮

图 3-48　【打开】对话框

步骤 05　返回【图片密码】窗口，可以看到所选图片已经显示在该窗口中，单击【使用此图片】按钮，如图 3-49 所示。

步骤 06　进入【设置你的手势】界面，在其中通过拖曳鼠标绘制手势，手势需要绘制 3 个，可以任意使用圆、直线和点，如图 3-50 所示。

图 3-49　单击【使用此图片】按钮

图 3-50　绘制手势

步骤 07　手势绘制完成后，进入【确认你的手势】界面，在其中确认上一步绘制的手势，如图 3-51 所示。

步骤 08　手势确认完成后，进入【恭喜！】界面，单击【完成】按钮即可完成图片密码的设置，如图 3-52 所示。

图 3-51　确认手势　　　　　　　　　　图 3-52　图片密码设置完成

课堂问答

问题 1：如何自定义窗口的颜色？

答：用户如果要选择喜欢的颜色作为窗口颜色，具体操作步骤如下。

步骤 01　在桌面空白处右击，在弹出的快捷菜单中选择【个性化】命令，打开【设置—个性化】窗口，单击右侧的【颜色】选项，如图 3-53 所示。

步骤 02　打开【个性化>颜色】界面，在【主题色】栏中选择一种颜色即可，如图 3-54 所示。

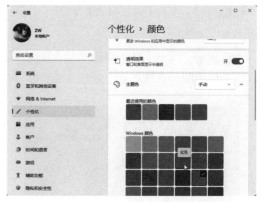

图 3-53　单击【颜色】选项　　　　　　　图 3-54　选择颜色

问题 2：如何设置标题栏和窗口边框的颜色？

答：窗口的标题栏和窗口边框颜色默认为白色，如果有需要可以设置标题栏和窗口边框的颜色，具体操作步骤如下。

步骤 01　在桌面空白处右击，在弹出的快捷菜单中选择【个性化】命令，打开【设置—个性化】窗口，单击右侧的【颜色】选项，如图 3-55 所示。

步骤 02　打开【个性化>颜色】界面，将【在标题栏和窗口边框上显示强调色】设置为【开】，设置完成后即可看到窗口边框的颜色更改为主题色，如图 3-56 所示。

图 3-55　单击【颜色】选项

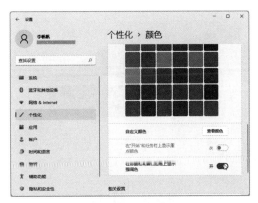

图 3-56　查看窗口边框的颜色效果

上机实战——更改对比度主题

为了巩固本章知识点，下面讲解更改对比度主题的方法，使读者对本章的知识有更深入的了解。

思路分析

在 Windows 11 操作系统中，不同场景下使用不同的对比度主题，可以更好地查看文本和应用，本例首先更改对比度主题为夜空，然后更改对比度主题为无。

制作步骤

步骤 01　在桌面空白处右击，在弹出的快捷菜单中选择【个性化】命令，打开【设置—个性化】窗口，单击右侧的【主题】选项，如图 3-57 所示。

步骤 02　打开【个性化>主题】界面，单击【对比度主题】选项，如图 3-58 所示。

图 3-57　单击【主题】选项

图 3-58　单击【对比度主题】选项

步骤 03　打开【辅助功能>对比度主题】界面，在上方可以预览对比度主题的效果，在下方的【对比度主题】下拉列表中选择一种对比度主题，然后单击【应用】按钮，如图 3-59 所示。

步骤 04　操作完成后，即可看到设置了对比度主题的效果，如果要取消应用对比度主题，在【对比度主题】下拉列表中选择【无】选项，然后单击【应用】按钮，如图 3-60 所示。

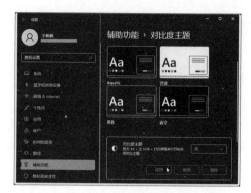

图 3-59　选择主题　　　　　　　　　　　图 3-60　取消对比度主题

🌐 同步训练——自动更换桌面背景

为了增强读者的动手能力，下面练习设置自动更换桌面背景，让读者达到举一反三、触类旁通的学习效果。

思路分析

如果用户喜欢不停变幻的桌面背景，可以在一个文件夹中放置多张图片，然后将该文件夹设置为背景图片文件夹，系统会根据时间自动更换该文件夹中的图片作为桌面背景。

关键步骤

步骤 01　在桌面空白处右击，在弹出的快捷菜单中选择【个性化】命令，打开【设置—个性化】窗口，单击右侧的【背景】选项，如图 3-61 所示。

步骤 02　打开【个性化>背景】界面，单击【为幻灯片选择图像相册】右侧的【浏览】按钮，如图 3-62 所示。

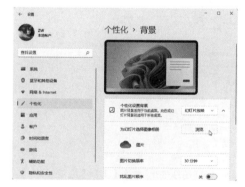

图 3-61　单击【背景】选项　　　　　　　　图 3-62　单击【浏览】按钮

步骤 03　打开【选择文件夹】对话框，选择要作为桌面背景的文件夹，然后单击【选择此文件夹】按钮，如图 3-63 所示。

步骤 04　返回【个性化>背景】界面，在【图片切换频率】下拉列表中选择更换图片的频率即可，如图 3-64 所示。

图 3-63　单击【选择此文件夹】按钮

图 3-64　选择更换图片的频率

知识能力测试

本章讲解了系统设置和账户设置的操作方法，为对知识进行巩固和考核，布置相应的练习题。

一、填空题

1. 调整显示器的分辨率时，在弹出的提示对话框中单击＿＿＿＿＿＿＿按钮可以保存设置。

2. 在为电脑设置图片密码时，需要通过拖曳鼠标绘制手势，手势可以任意使用＿＿＿＿＿＿、

＿＿＿＿＿＿、＿＿＿＿＿＿。

3. 在设置账户头像时，可以选择＿＿＿＿＿＿和＿＿＿＿＿＿方式设置头像。

二、选择题

1. 用户使用（　　）账户登录自己的电脑或设备时，可以从 Windows 应用商店中获取应用。

A. Microsoft　　　　　B. 登录　　　　　C. Windows　　　　　D. 应用商店

2. 如果要设置静音，可以在音量控制窗口中单击图标，当该图标变为（　　）时，即可将电脑设置为静音。

A. 　　　　　B. 　　　　　C. 　　　　　D.

3. 为账户设置图片密码时，可以拖曳鼠标绘制手势，下列不是符合要求的手势的是（　　）。

A.【圆】　　　　　B.【点】　　　　　C.【三角形】　　　　　D.【直线】

三、简答题

1. 请简述把旅游照片设置为桌面背景的操作步骤。

2. 使用 Microsoft 账户有什么优点？

Windows 11+Office 2021

第4章
轻松学会电脑打字

　　对于学习电脑的朋友来说，输入汉字也是必须掌握的一项技能。目前，输入汉字的方法包括键盘输入、手写板输入等。本章将为读者介绍输入汉字的基础操作和常用的拼音输入法、打字练习软件等。

学习目标

- 熟悉输入法的选择与切换方法。
- 熟悉第三方输入法的安装方法。
- 掌握拼音输入法的使用方法。
- 掌握使用金山打字通练习打字的方法。

4.1 输入法基础知识

默认情况下，敲击键盘的某个键位会输入英文字符，如果要输入汉字，必须使用汉字输入法。在学习输入汉字前，需要先了解汉字输入法的分类和相关知识，以便更好地选择和掌握汉字输入法。

4.1.1 基本输入方法

输入法就是利用键盘根据一定的编码规则来输入汉字的方法。英文字母只有 26 个，它们对应着键盘上的 26 个键，而汉字有几万个，要在电脑中输入汉字，必须将汉字拆成更小的部件，并将这些部件与键盘上的键建立联系，才能通过键盘按照某种规律输入汉字，这种以某种规律输入汉字的工具称为汉字输入法。

常用的汉字输入法有拼音输入法和五笔输入法两种。

1. 拼音输入法

拼音输入法是按照汉字的读音进行输入的，不需要特别记忆，只要会拼音就可以输入汉字。拼音输入法有多种，虽然它们的原理相同，但打字方法略有区别。常见的拼音输入法有微软拼音输入法、搜狗拼音输入法等。

> **温馨提示**
> 拼音输入法的缺点是同音字太多，输入效率低，并且对用户的发音要求较高，用户难以输入不认识的生字；其优点是容易上手，适合普通电脑操作者使用。

2. 五笔输入法

五笔输入法是按汉字的字形进行输入的。汉字由许多相对独立的基本部分组成，例如，"好"字由"女"和"子"组成，"音"字由"立"和"日"组成，这里的"女""子""立""日"在汉字编码中称为字根或字元。

五笔输入法是将字根或笔画规定为基本的输入编码，然后由这些编码组合成汉字的输入方法。

> **温馨提示**
> 五笔输入法最大的优点是重码少，不受方言干扰，只要经过一段时间的训练，输入汉字的效率就会有很大的提高。但是五笔输入法上手难，需要记忆的内容较多，因此本书不作介绍。

4.1.2 查看和选择输入法

在任务栏右侧的通知区域中，有一个输入法状态栏，默认情况下为英文输入状态，以 图标显示，此时使用键盘在文档中输入的是英文字符。单击该图标，将其切换为 图标，表示可以输入中文。

系统默认的中文输入法为【微软拼音】，通知区域中会出现微软拼音输入法的图标拼。如果安装了其他中文输入法，单击该图标，在弹出的输入法列表中可以选择需要的输入法，如图 4-1 所示。

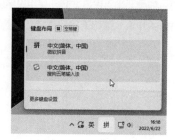

温馨提示　切换到某种输入法，将显示相应的输入法状态栏，输入法的状态栏可以在任务栏中，也可以浮于屏幕上方。

图 4-1　选择输入法

4.1.3　添加和删除输入法

根据使用习惯，用户可将电脑中已安装且暂不使用的输入法删除，需要使用时再将其添加到输入法列表中。

1.添加输入法

默认情况下，在 Windows 11 操作系统中，输入法列表中只显示微软拼音输入法，如果要将其他输入法添加到输入法列表中，具体操作步骤如下。

步骤 01　单击任务栏中的输入法图标，在弹出的输入法列表中选择【更多键盘设置】选项，如图 4-2 所示。

步骤 02　弹出【时间和语言>语言&区域】界面，单击【中文（简体，中国）】右侧的···按钮，在弹出的菜单中选择【语言选项】选项，如图 4-3 所示。

图 4-2　选择【更多键盘设置】选项

图 4-3　选择【语言选项】选项

步骤 03　打开【时间和语言>语言&区域>选项】界面，在【键盘】列表中单击【添加键盘】按钮，如图 4-4 所示。

步骤 04　在弹出的下拉菜单中选择需要添加的输入法，如选择【微软五笔】，即可添加输入法，如图 4-5 所示。

图 4-4　添加键盘

图 4-5　选择输入法

2. 删除输入法

若系统中添加的输入法太多，而常用的输入法只有一两种，要切换到常用的输入法会比较麻烦，此时可以将不常用的输入法删除，具体操作步骤如下。

步骤 01　打开【时间和语言>语言＆区域>选项】界面，在【键盘】列表中单击要删除的输入法右侧的 ••• 按钮，如【微软五笔】输入法，此时将出现对应的【删除】选项，单击该选项即可，如图 4-6 所示。

步骤 02　此时，【键盘】列表中已没有【微软五笔】输入法，单击【关闭】按钮保存设置即可，如图 4-7 所示。

图 4-6　单击【删除】选项

图 4-7　单击【关闭】按钮

4.1.4　添加第三方输入法

Windows 操作系统中已经内置了多种输入法，用户可以选择这些输入法来输入汉字。虽然这些输入法可以满足正常的文字输入需求，但词库比较小，联想词更新也不及时，用户可以安装功能更强大的第三方输入法。

用户可以通过下载或从其他设备复制的方式获取输入法的安装程序。在电脑中找到并双击输入法的安装程序即可开始安装。下面以安装【搜狗拼音输入法】为例进行介绍，具体操作步骤如下。

步骤 01　双击搜狗拼音输入法的安装程序图标，在弹出的【安装向导】对话框中单击【立即安装】按钮，如图4-8所示。

步骤 02　程序将自动安装，安装成功后会弹出提示对话框，提示安装完成，关闭窗口即可，如图4-9所示。

图4-8　单击【立即安装】按钮

图4-9　安装完成

课堂范例——设置默认输入法

设置默认输入法的具体操作步骤如下。

步骤 01　打开【设置】窗口，在【时间和语言】选项卡中单击【输入】选项，如图4-10所示。

步骤 02　打开【时间和语言>输入】界面，选择【高级键盘设置】选项，如图4-11所示。

图4-10　单击【输入】选项

图4-11　选择【高级键盘设置】选项

步骤 03　打开【时间和语言>输入>高级键盘设置】界面，在【替代默认输入法】下拉列表中选择一种输入法，即可将其设置为默认输入法，如图4-12所示。

图4-12　选择需要的输入法

4.2 使用拼音输入法

拼音输入法是目前使用最多的汉字输入法，只要用户熟悉汉语拼音，就能很快学会并掌握拼音输入法。下面介绍使用拼音输入法输入汉字的方法，本节以搜狗拼音输入法为例进行介绍，其他拼音输入法的原理和使用方法基本相同。

4.2.1 输入单字

使用拼音输入法输入单字很简单，只需输入单字的拼音，然后按对应数字键选择需要的单字即可。例如，在记事本中输入单字"学"，具体操作步骤如下。

步骤 01 单击任务栏中的微软拼音输入法图标 **拼** ，在弹出的输入法列表中选择需要的输入法，如选择【搜狗拼音输入法】，如图 4-13 所示。

步骤 02 输入"学"字的拼音"xue"，在候选栏中即会出现此读音的单字，直接按【1】键或空格键，即可将"学"字打出来，如图 4-14 所示。

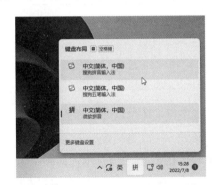

图 4-13　选择【搜狗拼音输入法】

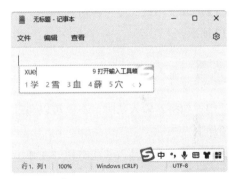

图 4-14　输入"学"字

4.2.2 输入词语

搜狗拼音输入法支持全拼、简拼和混拼 3 种输入方式，可以输入特殊字符，也可以进行模糊音输入和拆分输入等，大大提高了用户输入汉字的速度。

1. 全拼输入

全拼输入词语时，按顺序输入词语的完整拼音即可。例如，要输入词语"学习"，具体操作步骤如下。

输入词语"学习"的拼音"xuexi"，在候选栏中即会出现此读音的词语，直接按【1】键或空格键，即可将词语"学习"打出来，如图 4-15 所示。

图 4-15　全拼输入

2. 简拼输入

简拼输入是通过输入声母或声母的首字母进行输入的一种方式，利用它可以大大提高输入效率。例如，要输入词语"电脑"，具体操作步骤如下。

输入词语"电脑"的拼音首字母"dn"，在候选栏中即会出现首字母为"dn"的词语，直接按【1】键或空格键，即可将词语"电脑"打出来，如图 4-16 所示。

图 4-16　简拼输入

3. 混拼输入

根据字、词的使用频率，可以将全拼和简拼进行混合使用。在输入时，部分字用全拼，部分字用简拼，可以减少击键次数和重码率，并提高输入速度。例如，要输入短句"学习电脑知识"，具体操作方法如下。

输入短句"学习电脑知识"第一个词的全拼和后四个字的首字母"xuexi dnzs"，在候选栏中即会出现此读音的短句，直接按【1】键或空格键，即可将短句"学习电脑知识"打出来，如图 4-17 所示。

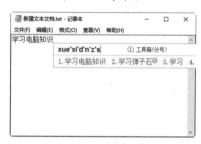

图 4-17　混拼输入

4.2.3　输入特殊字符

使用搜狗拼音输入法时，不仅可以通过软键盘输入特殊字符，还可以通过对话框输入，具体操作步骤如下。

步骤 01　右击输入法状态栏，在弹出的快捷菜单中选择【符号大全】选项，如图 4-18 所示。

步骤 02　弹出【符号大全】对话框，在左侧列表框中可选择符号类型，在右侧列表框中单击需要输入的符号即可输入，如图 4-19 所示。

图 4-18　选择【符号大全】选项

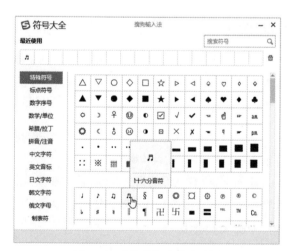

图 4-19　【符号大全】对话框

课堂范例——使用金山打字通练习拼音打字

使用金山打字通练习拼音打字的具体操作步骤如下。

步骤 01　打开金山打字通软件，单击【拼音打字】图标，如图4-20所示。

步骤 02　在【拼音打字】界面中选择一种练习方法，如单击【音节练习】图标，如图4-21所示。

图 4-20　单击【拼音打字】图标

图 4-21　单击【音节练习】图标

步骤 03　第一次练习时，会弹出提示对话框，选择一种练习模式，然后单击【确定】按钮，如图4-22所示。

步骤 04　进入练习界面，根据提示在键盘上击键即可进行练习，如图4-23所示。

图 4-22　选择练习模式

图 4-23　练习界面

温馨提示
在第一次使用金山打字通时，会弹出【登录】对话框，用户可以创建一个账号，保存练习进度。

课堂问答

问题1：如何使用模糊音输入？

答：模糊音输入是专为容易混淆某些拼音的用户设计的。例如，汉字"你（ni）"和"李（li）"

的拼音容易混淆，开启模糊音输入功能后，输入拼音"li"，候选栏中会同时显示拼音为"li"和"ni"
的汉字，如图4-24所示。

图4-24　模糊音输入

默认情况下，模糊音输入已开启，如果希望手动设置需要使用的模糊音，可按下面的操作步骤
实现。

步骤01　右击输入法状态栏，在弹出的快捷菜单中选择【设置属性】命令，如图4-25所示。

步骤02　弹出【属性设置】对话框，切换到【高级】选项卡，单击【模糊音设置】按钮，如
图4-26所示。

步骤03　弹出【模糊音设置】对话框，选中需要使用的模糊音前的复选框，然后单击【确定】
按钮保存设置即可，如图4-27所示。

图4-25　选择【设置属性】命令　　图4-26　单击【模糊音设置】按钮　　图4-27　设置模糊音

问题2：如何输入带【ü】的字？

答：由于键盘上没有【ü】键，当要输入拼音"ü"时，可以按字母键【v】来替代。例如，使用搜
狗拼音输入法输入"女"时，输入"nv"即可，如图4-28所示；输入"旅"时，输入"lv"即可，如
图4-29所示。

 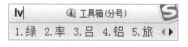

图4-28　输入"女"　　　　　　　　　　　图4-29　输入"旅"

📷 上机实战——使用拼音输入法输入长文本

为了巩固本章知识点，下面讲解在记事本中输入长文本的方法，使读者对本章的知识有更深入
的了解。

思路分析

学习了电脑打字之后，就可以选择一种输入法，开始练习文本输入了。拼音输入法是新手的最
佳选择，本例首先切换到搜狗拼音输入法，然后在记事本中输入长文本，再进行保存操作。

制作步骤

步骤 01　打开记事本软件，单击任务栏右侧通知区域中的输入法按钮拼，在弹出的列表中选择【搜狗拼音输入法】，如图 4-30 所示。

步骤 02　在记事本中输入长文本内容，如图 4-31 所示。

图 4-30　选择【搜狗拼音输入法】

图 4-31　输入长文本内容

步骤 03　输入完成后单击【文件】选项，在弹出的下拉菜单中选择【保存】命令，如图 4-32 所示。

步骤 04　弹出【另存为】对话框，在【文件名】文本框中输入文件名称，然后单击【保存】按钮即可，如图 4-33 所示。

图 4-32　选择【保存】命令

图 4-33　保存文件

同步训练——使用金山打字通练习输入数字和符号

为了增强读者的动手能力，下面安排一个同步训练案例，让读者达到举一反三、触类旁通的学习效果。

思路分析

金山打字通是专业的打字练习软件，用户可以使用它进行各种打字训练。数字和符号是文本输入中最基本的元素，本例将使用金山打字通软件练习输入数字和符号。

关键步骤

步骤 01　打开金山打字通软件，单击【新手入门】图标，如图 4-34 所示。

步骤02 进入【新手入门】界面，单击【数字键位】图标，如图4-35所示。

图4-34　单击【新手入门】图标　　　　　　　　图4-35　单击【数字键位】图标

步骤03 进入练习界面，根据提示输入数字，如图4-36所示。

步骤04 练习完成后单击【返回】按钮，如图4-37所示。

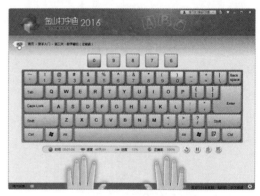

图4-36　输入数字　　　　　　　　　　　　图4-37　单击【返回】按钮

步骤05 返回金山打字通主界面，单击【符号键位】图标，如图4-38所示。

步骤06 在打开的练习界面中根据提示输入符号，完成后单击【关闭】按钮×即可，如图4-39所示。

图4-38　单击【符号键位】图标　　　　　　　图4-39　单击【关闭】按钮

知识能力测试

本章讲解了使用拼音输入法输入汉字的基本方法，为对知识进行巩固和考核，布置相应的练习题。

一、填空题

1. 搜狗拼音输入法支持_____、_____和_____3种输入方式。

2. 在输入词语时，_____需要按顺序输入完整拼音；_____是通过输入声母或声母的首字母讲行输入；_____是恨据字、词的使用频率，将全拼和简拼进行混合使用。

3. 由于键盘上没有【ü】键，当要输入拼音"ü"时，可以按字母键_____来替代。

二、选择题

1. 如果要用搜狗拼音输入法输入"电脑"，可以输入（　　　　）。

A. d' n　　　　　　　B. dian' n　　　　　　C. dian' nao　　　　　D. 以上均可以

2. 默认情况下，输入法列表中只显示（　　　）输入法。

A. 微软拼音　　　　　B. 搜狗拼音　　　　　C. 英文输入　　　　　D. 五笔输入

3. 使用搜狗拼音输入法输入"女"时，可以输入（　　　　）。

A. nu　　　　　　　　B. nv　　　　　　　　C. lv　　　　　　　　D. lu

三、简答题

1. 拼音输入法最大的优点是什么？

2. 如何安装搜狗拼音输入法？

Windows 11+Office 2021

　　电脑中的信息都是以文件的形式存储的，因此，对电脑中的文件资源进行有效管理，也是学习电脑必须掌握的技能。通过本章的学习，可以了解电脑中文件资源的存储规律与特点，学习并熟练掌握电脑中文件和文件夹的管理方法。

学习目标

- 了解什么是文件和文件夹。
- 认识文件和文件夹的存储规律与特点。
- 掌握如何创建文件和文件夹。
- 掌握文件和文件夹的选择方法。
- 掌握如何复制、移动与删除文件和文件夹。
- 掌握文件和文件夹的重命名操作。
- 掌握文件和文件夹的隐藏操作。

5.1 认识文件和文件夹

在电脑管理操作中，最为频繁的操作就是对电脑中的文件和文件夹的管理，只有正确掌握管理文件资源的方法，才能更好地使用和操作电脑，下面介绍文件资源的基础知识。

5.1.1 文件和文件夹

文件和文件夹是电脑中两个重要对象，对电脑中的资源进行管理操作，其实就是对文件和文件夹进行管理操作，在对文件和文件夹进行管理操作前，首先要认识文件和文件夹。

1. 文件

文件是 Windows 中信息组成的基本单位，是各种程序与信息的集合，包括文本文档、图片、程序等。电脑中包含的数据和信息种类繁多，打开电脑后，就可以看到各种不同的文件。电脑中每个文件都有自己的文件名，并且不同类型的数据所保存的文件类型也不同。

（1）文件名。在 Windows 操作系统中，每个文件都有自己的文件名，系统也是依据文件名对文件进行管理的。

完整的文件名由文件名称和扩展名组成。文件名称用于识别文件。例如，为不同文件赋予不同的名称，即可通过名称来快速识别该文件内容。扩展名则用于定义不同的文件类型，便于电脑中的程序识别和打开文件，如图 5-1 所示。

图 5-1 文件名

（2）文件类型。文件的类型是根据扩展名来决定的，不同类型的数据所保存的文件类型也不同。电脑中的文件种类繁多，在学习电脑时，需要对常见的文件类型有初步的了解，从而在查看文件时，通过扩展名判断文件类型和打开该文件需应用的程序。表 5-1 所示为常见文件类型的扩展名及其含义。

表 5-1 常见文件类型的扩展名及其含义

文件扩展名	含义	文件扩展名	含义
AVI	视频文件	DLL	动态链接库文件
INI	系统配置文件	TIF	图像文件
JPG	JPGE 压缩图像文件	TMP	临时文件
BAK	备份文件	EXE	应用程序文件

续表

文件扩展名	含义	文件扩展名	含义
BMP	位图文件	FON	点阵字体文件
MID	MIDI音乐文件	TXT	文本文件
COM	MS-DOS应用程序	GIF	动态图像文件
PDF	Adobe Acrobat文档	WAV	声音文件
DAT	数据文件	HLP	帮助文件
PM	Page maker文档	WRI	写字板文件
DBF	数据库文件	HTM	Web网页文件
PPTX	PowerPoint演示文件	XLSX	Excel表格文件
DOCX	Word文档	ICO	图标文件
RTF	文本格式文档	ZIP	ZIP压缩文件
ACCDB	ACCESS数据库文件	TTF	True Type字体文件

2. 文件夹

文件过多，会给管理带来很大麻烦，这时可以使用文件夹整理文件。简单来说，文件夹是用来存放文件的"包"。

电脑中存储了数量庞大且种类繁多的文件，Windows 11操作系统将这些文件按照一定规则分类存放在不同的文件夹中，从而便于用户高效地管理文件。在使用电脑的过程中，用户也可以将自行创建的文件分类存放在不同的文件夹中，使文件存储更加有序，管理起来也更加方便，如图5-2所示。

在Windows操作系统中，文件夹的图标为一个黄色的文件夹样式，并且每个文件夹都有自己的名称。另外，在Windows 11操作系统中，空文件夹和存放了文件的文件夹的图标样式也是不同的。

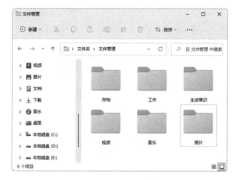

图5-2　文件夹

3. 电脑中文件大小的计量单位

每个文件都是有大小的，它们存储在硬盘中，会占用一定的存储空间，当硬盘空间不足时将无法再存入文件。那么电脑中文件的大小是以什么来计量的呢？

电脑中最基本的计量单位是字节（Byte），单位为B，在电脑中一个英文字母所占的空间就是1个字节（1B），而一个汉字所占的空间则是2个字节（2B）。

字节是一个很小的单位，电脑中的文件大小通常都是几千、几万字节甚至更大。因此常用的单位还有千字节（KB）、兆字节（MB）和千兆字节（GB），它们之间的换算公式如下。

（1）1KB=1024B。

（2）1MB=1024KB。

（3）1GB=1024MB。

> **温馨提示**
> 由上面的公式可以看出，字节、千字节、兆字节和千兆字节之间的进率是 1024，而不是 1000，这是由于电脑采用二进制计数，1024 是由 2^{10} 得来的。

5.1.2　浏览磁盘中的文件

浏览文件和文件夹的主要途径是【此电脑】窗口，双击桌面上的【此电脑】图标，即可打开【此电脑】窗口。在【此电脑】窗口中，双击某个磁盘分区图标，即可进入该分区，如图 5-3 所示。每一个磁盘分区其实就是一个很大的文件夹，里面可以存放若干文件和文件夹。

进入磁盘分区后，若要查看某个文件夹中的文件，则双击该文件夹。若要打开某个文件，则逐级打开文件夹找到文件，然后双击其图标即可，如图 5-4 所示。

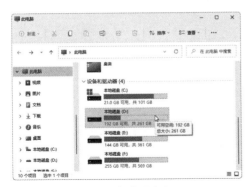

图 5-3　查看磁盘分区

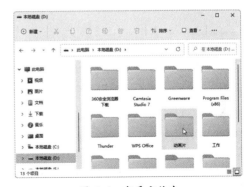

图 5-4　查看文件夹

除了上述方法，用户还可以通过【此电脑】窗口中的功能按钮来定位浏览路径。

（1）地址栏：用于标识当前窗口的路径。单击某个路径名称可以直接访问该目录，每一级路径后面都有一个小箭头，单击可以显示该路径下的所有下一级目录。

（2）导航按钮：位于窗口左上角，包括【返回】← 和【前进】→ 两个按钮。单击【返回】按钮 ←，可返回到上一次访问的目录；使用了【返回】功能后，可单击【前进】按钮 → 重新回到之前的目录。

5.1.3　浏览U盘和移动硬盘

U盘是USB接口的闪存盘，它是目前最流行的可移动存储设备。U盘外观小巧，携带方便。现在 U 盘的存储容量越来越大，常用的有 16GB、32GB、64GB 等。

移动硬盘是以硬盘为存储介质，与电脑之间交换大容量数据，强调便携性的存储产品。移动硬盘多采用USB、IEEE1394等传输速度较快的接口，可用较高的速度与系统进行数据传输。

使用U盘和移动硬盘时，将其插入主机机箱上的USB接口中，稍等片刻后，打开【此电脑】窗口，就可以看到新安装的移动存储设备，双击可移动磁盘的图标，即可打开U盘或移动硬盘，如图5-5所示。

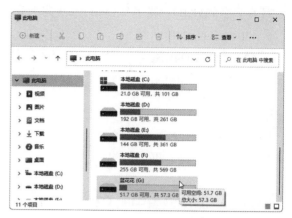

图 5-5　双击可移动磁盘

课堂范例——更改文件的视图和排序方式

改变文件的视图和排序方式的操作步骤如下。

步骤 01 如果要更改文件的视图方式，可以进入需要整理的文件目录，在窗口空白处右击，在弹出的快捷菜单中选择【查看】命令，在弹出的扩展菜单中选择需要的文件视图方式，如图5-6所示。

步骤 02 如果要更改文件的排序方式，可以进入需要整理的文件目录，在窗口空白处右击，在弹出的快捷菜单中选择【排序方式】命令，在弹出的扩展菜单中选择需要的排序方式，如图5-7所示。

图 5-6　更改视图方式

图 5-7　更改排序方式

5.2　管理文件和文件夹

在电脑中对文件进行管理操作时，常用的操作包括新建文件或文件夹、选择文件或文件夹、移动和复制文件或文件夹及删除文件或文件夹等，下面分别进行讲解。

5.2.1　新建文件夹

文件夹用于分类存放文件，在管理电脑中的文件时，可以根据需要创建新文件夹。例如，在E盘的【文件管理】文件夹中创建专门用于存放旅行照片的文件夹，具体操作步骤如下。

步骤01　打开【此电脑】窗口并进入E盘的【文件管理】文件夹中，单击窗口快速访问工具栏中的【新建】按钮，在弹出的下拉菜单中单击【文件夹】命令，如图5-8所示。

步骤02　此时即可在窗口中创建一个新文件夹，文件夹名称处于可编辑状态，输入名称后，单击窗口任意位置即可，如图5-9所示。

图5-8　单击【文件夹】命令

图5-9　定义新文件夹名称

> **技能拓展**
> 用户也可通过快捷菜单创建文件夹，只需在窗口空白处右击，在弹出的快捷菜单中选择【新建】，在弹出的扩展菜单中单击【文件夹】命令即可。

5.2.2　选择文件或文件夹

要对文件或文件夹进行操作，首先要选择需要操作的文件或文件夹。选择单个文件或文件夹是非常简单的，只需单击该文件或文件夹即可，选择之后对象将以浅蓝色背景显示，如图5-10所示。

除了选择单个文件，有时还会遇到需要同时选择多个文件的情况。选择多个文件的方法有很多种，用户可以根据需要灵活使用，具体方法如下。

（1）鼠标框选：用于选择某矩形区域内的文件。将鼠标指针指向需要框选的文件的外侧空白处，按住

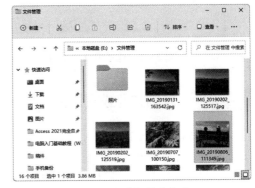
图5-10　选择单个文件

鼠标左键并拖曳鼠标，当拖曳出的方框能包含所有需要选择的文件时释放鼠标左键，即可选中方框内的文件，如图5-11所示。

（2）选择连续文件：先单击选择连续文件中的第一个文件，然后按住【Shift】键，再单击连续文

件中的最后一个文件，释放【Shift】键即可，如图 5-12 所示。

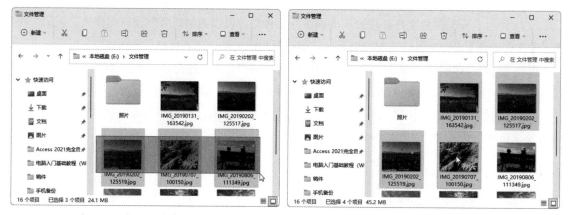

| 图 5-11 鼠标框选多个文件 | 图 5-12 选择连续文件 |

（3）选择非连续文件：先按住【Ctrl】键，然后分别单击需要选择的文件，最后释放【Ctrl】键即可，如图 5-13 所示。

（4）选择全部文件：如果需要选择某个目录下的全部文件和文件夹，可单击工具栏中的【查看】按钮，在弹出的下拉菜单中单击【全部选择】命令，如图 5-14 所示。

| 图 5-13 选择非连续文件 | 图 5-14 选择全部文件 |

5.2.3 复制文件或文件夹

对文件或文件夹进行复制，可以产生相同的文件或文件夹，该操作常用于电脑中文件资源的备份与传输。该操作有两个步骤，第一步是复制源文件或文件夹，第二步是在新的位置粘贴文件或文件夹，具体操作步骤如下。

步骤 01 选中需要复制的文件或文件夹，单击工具栏中的【复制】按钮 🗎，如图 5-15 所示。

步骤 02 打开目标文件夹，在文件夹窗口的工具栏中单击【粘贴】按钮 🗎，所选文件或文件夹即会被粘贴到相应的文件夹中，如图 5-16 所示。

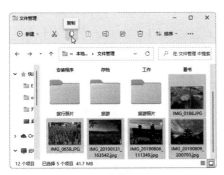

图 5-15 单击【复制】按钮

图 5-16 单击【粘贴】按钮

技能拓展 使用【Ctrl+C】组合键可以复制文件，使用【Ctrl+V】组合键可以粘贴文件。

5.2.4 为文件或文件夹重命名

在对电脑中的文件或文件夹进行管理时，为了方便识别和管理，可以对已有文件或文件夹的名称进行重命名，具体操作步骤如下。

步骤 01 选择需要重命名的文件或文件夹，单击工具栏中的【重命名】按钮 ，如图 5-17 所示。

步骤 02 此时所选文件或文件夹名称变为可编辑状态，在名称框中输入要修改的名称后，单击窗口任意位置即可，如图 5-18 所示。

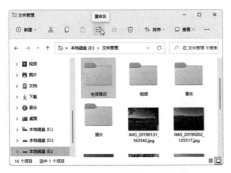

图 5-17 单击【重命名】按钮

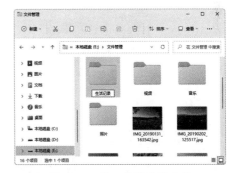

图 5-18 输入要修改的名称

5.2.5 删除文件或文件夹

在管理文件或文件夹时，对于多余的文件或文件夹，可将其删除，释放更多的磁盘空间。删除文件或文件夹的操作主要有以下两种。

（1）选择需要删除的文件或文件夹，在被选择的对象上右击，在弹出的快捷菜单中单击【删除】按钮 即可，如图 5-19 所示。

（2）选择要删除的文件后，在工具栏中单击【删除】按钮 即可，如图 5-20 所示。

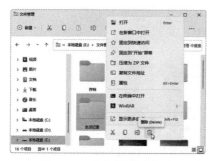
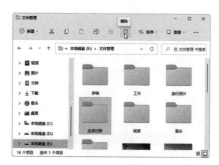

图 5-19　单击【删除】按钮　　　　　　　　　图 5-20　单击【删除】按钮

课堂范例——移动文件或文件夹的位置

移动文件或文件夹位置的具体操作步骤如下。

步骤 01 选择需要移动的文件或文件夹并右击，在弹出的快捷菜单中单击【剪切】按钮✂，如图 5-21 所示。

步骤 02 打开目标文件夹，在文件夹窗口的空白处右击，在弹出的快捷菜单中单击【粘贴】按钮🗐，所选文件或文件夹即可移动到相应的文件夹中，如图 5-22 所示。

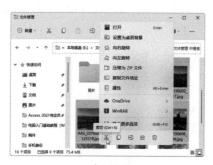

图 5-21　单击【剪切】按钮　　　　　　　　　图 5-22　单击【粘贴】按钮

5.3 管理回收站

将文件或文件夹删除后，它们并没有从电脑中直接删除，而是保存在回收站中，下面介绍管理回收站的方法。

5.3.1 还原文件或文件夹

如果不小心删除了需要的文件或文件夹，用户可以随时通过回收站恢复，具体操作步骤如下。

步骤 01 双击桌面上的【回收站】图标，打开【回收站】窗口，如图 5-23 所示。

步骤 02 选中需要还原的对象并右击，在弹出的快捷菜单中选择【还原】命令，即可恢复所选对象，如图 5-24 所示。

图 5-23 双击【回收站】图标

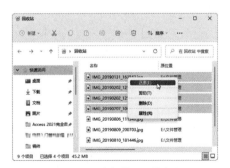

图 5-24 选择【还原】命令

5.3.2 清空回收站

默认情况下，回收站大小是固定的。当磁盘空间不足时，被删除的文件将被系统永久删除。因此用户要定期清空回收站，避免出现因空间不足而永久删除文件，无法还原误删的文件的问题。清空回收站的具体操作步骤如下。

步骤 01 双击桌面上的【回收站】图标，打开【回收站】窗口，如图 5-25 所示。

步骤 02 在打开的【回收站】窗口中，单击【查看更多】按钮…，在弹出的下拉菜单中选择【清空回收站】选项，即可清空回收站，如图 5-26 所示。

图 5-25 双击【回收站】图标

图 5-26 清空回收站

技能拓展

在桌面上右击【回收站】图标，在弹出的快捷菜单中选择【清空回收站】命令，在弹出的提示框中单击【是】按钮也可以清空回收站。

📖 课堂范例——设置回收站的大小

设置回收站大小的操作步骤如下。

步骤 01 双击桌面上的【回收站】图标，打开【回收站】窗口，单击【查看更多】按钮…，在弹出的下拉菜单中选择【属性】选项，如图 5-27 所示。

步骤 02 打开【回收站属性】对话框，在【选定位置的设置】栏中选择【自定义大小】单选按钮，在【最大值】右侧的文本框中输入需要的回收站大小，完成后单击【确定】按钮即可成功设置回收站的大小，如图 5-28 所示。

图 5-27　选择【属性】选项

图 5-28　设置回收站大小

5.4　设置文件和文件夹

用户对文件和文件夹进行设置可以实现更多实用的操作。

5.4.1　查看文件的属性

在日常操作中，经常需要了解文件或文件夹的属性，如查看文件或文件夹的类型、大小、创建与修改日期等，查看文件或文件夹属性的具体操作步骤如下。

步骤 01　选择目标文件或文件夹，单击【查看更多】按钮，在弹出的下拉菜单中选择【属性】选项，如图 5-29 所示。

步骤 02　在打开的【属性】对话框中，即可查看相关参数，如图 5-30 所示。

图 5-29　选择【属性】选项

图 5-30　查看属性

5.4.2　隐藏重要的文件

如果不想让自己的隐私文件被其他用户查看或使用，可以将这些文件隐藏起来。当想要查看隐藏文件时，也可以随时将隐藏文件显示出来。

1. 隐藏文件

如果想要隐藏文件，具体操作步骤如下。

步骤 01　右击目标文件或文件夹，在弹出的快捷菜单中选择【属性】命令，如图 5-31 所示。

步骤 02　在打开的【属性】对话框中选中【隐藏】复选框，然后单击【确定】按钮，如图 5-32 所示。

步骤 03　弹出【确认属性更改】对话框，选中【将更改应用于此文件夹、子文件夹和文件】单选按钮，然后单击【确定】按钮即可隐藏该文件夹，如图 5-33 所示。

图 5-31　选择【属性】命令

图 5-32　选中【隐藏】复选框

图 5-33　单击【确定】按钮

2. 查看隐藏文件

完成隐藏操作后，被隐藏的文件将变为浅色图标，刷新窗口或下一次打开该文件夹时就无法看到此文件了。如果需要显示被隐藏的文件，可以按照以下步骤更改文件设置。

步骤 01　在任意文件窗口中单击【查看】按钮，在弹出的下拉菜单中选择【显示】选项，在弹出的子菜单中选中【隐藏的项目】选项，如图 5-34 所示。

步骤 02　被隐藏的文件将呈浅色图标显示，如图 5-35 所示。

图 5-34　选中【隐藏的项目】选项

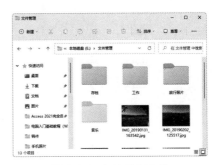
图 5-35　查看隐藏文件

5.4.3 显示和隐藏文件的扩展名

Windows 11 操作系统默认不显示文件的扩展名，为了便于快速识别文件的类型，可以通过以下方式让文件的扩展名显示出来，具体操作步骤如下。

步骤 01 在任意文件窗口中单击【查看】按钮，在弹出的下拉菜单中选择【显示】选项，在弹出的子菜单中选中【文件扩展名】选项，如图 5-36 所示。

步骤 02 操作完成后，即可看到文件的扩展名，如图 5-37 所示。

图 5-36　选中【文件扩展名】选项

图 5-37　查看文件扩展名

5.4.4 快速搜索文件或文件夹

当用户忘记了文件或文件夹的位置，只知道文件或文件夹的名称时，可以通过搜索功能来找到需要的文件或文件夹，具体操作步骤如下。

步骤 01 双击【此电脑】图标，打开【此电脑】窗口，在左侧窗格中选择搜索位置，如【本地磁盘（E:）】，如图 5-38 所示。

步骤 01 在搜索文本框中输入搜索的关键字，如输入"旅行"，然后单击右侧的➡按钮，此时系统开始搜索【本地磁盘（E:）】中名称中含有"旅行"的文件或文件夹，并显示在下方的窗口中，如图 5-39 所示。

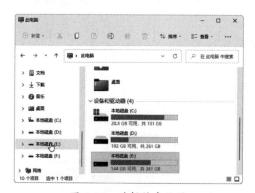

图 5-38　选择搜索位置

图 5-39　查看搜索结果

课堂范例——更改文件夹的图标

更改文件夹图标的具体操作步骤如下。

步骤 01　右击文件夹，在弹出的快捷菜单中选择【属性】命令，如图 5-40 所示。

步骤 02　弹出【属性】对话框，选择【自定义】选项卡，然后单击【更改图标】按钮，如图 5-41 所示。

图 5-40　选择【属性】命令

图 5-41　【属性】对话框

步骤 03　在弹出的对话框中选择需要更改的图标，单击【确定】按钮，如图 5-42 所示。

步骤 04　返回文件夹窗口即可看到文件夹图标已经更改，如图 5-43 所示。

图 5-42　选择需要更改的图标

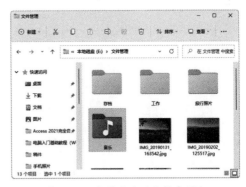
图 5-43　查看更改的文件夹图标

课堂问答

问题 1：如何更改文件的默认打开方式？

答：如果要更改文件的默认打开方式，如更改 JPG 文件的默认打开方式，具体操作步骤如下。

步骤 01　在文件上右击，在打开的快捷菜单中选择【打开方式】选项，在其扩展菜单中选择

【选择其他应用】命令，如图 5-44 所示。

步骤 02　打开【你要如何打开这个文件？】对话框，在【其他选项】栏中选择需要设置为默认打开方式的软件，然后选中【始终使用此应用打开 .jpg 文件】复选框，完成后单击【确定】按钮即可，如图 5-45 所示。

图 5-44　选择【选择其他应用】命令

图 5-45　选择默认软件

问题 2：如何设置文件为只读格式？

答：如果不希望他人更改电脑中的文件，可以将文件设置为只读格式，具体操作步骤如下。

在文件上右击，在弹出的快捷菜单中选择【属性】命令，在打开的【属性】对话框中选中【只读】复选框，然后单击【确定】按钮即可，如图 5-46 所示。

图 5-46　设置只读格式

上机实战——将电脑中的文件发送到 U 盘

为了巩固本章知识点，下面讲解将电脑中的文件发送到 U 盘的方法，使读者对本章的知识有更深入的了解。

如果需要将电脑中的文件移动到其他电脑，或者转交给他人，可以先将文件复制到 U 盘中，在复制时需要注意正确打开和移除 U 盘，避免文件丢失。

将 U 盘中的文件移动到电脑中，与前面所讲的移动文件或文件夹的方法相同，只是选择的磁盘对象不同。不过，如果将电脑中的文件复制到移动存储设备，还有一种更方便快捷的方法，那就是通过【发送到】命令，具体操作步骤如下。

制作步骤

步骤 01 将 U 盘插入电脑上的 USB 连接口中，选择要发送到 U 盘的文件或文件夹并右击，在弹出的快捷菜单中选择【显示更多选项】命令，如图 5-47 所示。

步骤 02 在打开的菜单中选择【发送到】命令，在扩展菜单中选择 U 盘，如图 5-48 所示。

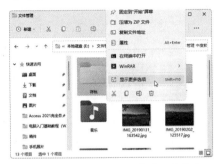
图 5-47 选择【显示更多选项】命令

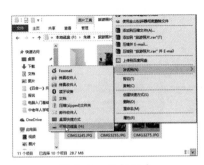
图 5-48 选择 U 盘

步骤 03 单击任务栏上的移动硬件图标，在弹出的快捷菜单中选择相应的设备弹出命令，如图 5-49 所示。

步骤 04 弹出设备后，系统会提示硬件设备已经安全移除，此时拔出插在电脑上的 U 盘即可，如图 5-50 所示。

图 5-49 弹出设备

图 5-50 拔出 U 盘

◉ 同步训练——使用条件搜索文件

为了增强读者的动手能力，下面训练使用条件搜索文件，让读者达到举一反三、触类旁通的学习效果。

思路分析

使用快速搜索的方法搜索文件时，如果得到的结果比较多，用户在查找自己需要的文件时就比较麻烦。此时，可以使用条件搜索。

本例首先使用快速搜索，搜索出比较多的文件，然后多次使用条件搜索，锁定较少的目标，最后找到文件。

关键步骤

步骤 01 在资源管理器窗口中使用快速搜索文件的方法搜索出比较多的结果，然后单击工具栏中的【查看更多】按钮 •••，在弹出的下拉菜单中选择【搜索选项】选项，如图 5-51 所示。

步骤 02 打开搜索选项菜单，选择【修改日期】选项，在弹出的子菜单中选择【今年】选项，如图 5-52 所示。

图 5-51　选择【搜索选项】选项

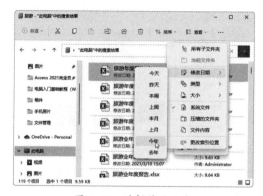

图 5-52　选择修改日期

步骤 03 再次打开搜索选项菜单，选择【大小】选项，在弹出的子菜单中选择【小（16K-1MB）】选项，如图 5-53 所示。

步骤 04 当搜索参数设置完成后，系统会自动根据用户设置的条件进行高级搜索，并将搜索结果显示在下方的窗口中，找到所需文件后双击文件打开即可，如图 5-54 所示。

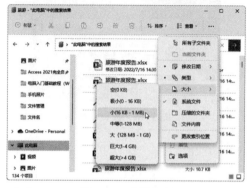

图 5-53　选择大小

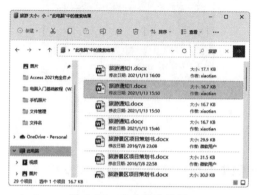

图 5-54　查看搜索结果

知识能力测试

本章讲解了文件和文件夹的管理与设置，为对知识进行巩固和考核，布置相应的练习题。

一、填空题

1. 电脑中每个文件都有各自的文件名，完整的文件名由 _____ 和 _____ 组成。

2. 导航按钮位于窗口左上角，包括 _____ 和 _____ 两个按钮。单击 _____ 按钮，可返回上一次访问的目录，使用该功能后，可单击 _____ 按钮重新回到之前的目录。

3. 文件的类型是根据扩展名来决定的，不同类型的数据保存的文件类型也不同，其中，_____ 是文本文件的扩展名，_____ 是 Word 文档的扩展名，_____ 是动态图像文件的扩展名；_____ 是应用程序文件的扩展名。

二、选择题

1. 在管理文件时，可以使用（   ）功能移动文件或文件夹的位置。

A. 剪切 ✂   B. 复制 ⧉   C. 格式刷 ✔   D. 粘贴 ⧉

2. 电脑中最基本的计量单位是字节（Byte），单位为 B，在电脑中一个英文字母所占的空间就是 1 个字节（1B），而一个汉字所占的空间则是 2 字节（2B），下列选项中描述正确的是（   ）。

A. 1KB=1024B   B. 1MB=1024KB   C. 1GB=1024MB   D. 以上选项均正确

3. 关于文件和文件夹，下列描述错误的是（   ）。

A. 文件是各种程序与信息的集合   B. 文件夹是用来存放文件的"包"

C. 文件创建之后不能随意移动位置   D. 文件的类型是根据扩展名来决定的

三、简答题

1. 如果不小心删除了需要的文件，应该怎样找回？

2. 如何隐藏重要文件？

Windows 11+Office 2021

第6章
安装与管理电脑软件

　　一台完整的电脑包括硬件和软件，在安装完操作系统后，用户首先要考虑的就是安装软件。通过安装各种软件，可以大大提高电脑的性能，本章介绍一些常用软件的使用方法和技巧。

学习目标

- 了解获取软件的途径。
- 掌握安装和卸载软件的方法。
- 熟练掌握压缩软件的方法。
- 熟练掌握看图软件的使用方法。
- 熟练掌握文档阅读器的使用方法。

6.1　安装和卸载软件

Windows操作系统中的系统软件和应用软件需要安装以后才能使用。当然也有一些绿色软件无须安装，直接双击相应的主程序即可使用，但此类软件数量相对较少，目前最常见的是通过软件的安装程序来安装软件。

6.1.1　获取软件的途径

要在电脑中安装需要的软件，首先需要获取软件的安装文件，也称为安装程序。目前获取软件安装文件的途径主要有以下 3 种。

1.购买软件光盘

一些软件厂商发布软件后，会销售软件光盘，只要购买光盘，将光盘放入电脑光驱中进行安装即可。这种途径的优点在于能够保证获得正版软件，能够获得软件的相关服务，以及能够保证软件使用的稳定性与安全性（如没有附带病毒、木马等）。当然，一些大型软件光盘价格昂贵，需要支付一定的费用。

2.通过网络下载

通过网络下载是很多用户最常用的软件获取途径，对于联网的用户来说，通过专门的下载网站和软件的官方下载网站都能够获得软件的安装文件。通过网络下载的优点在于无须专门购买光盘，没有光驱的电脑也可以方便地获取软件等；缺点在于软件的安全性与稳定性无法保障，可能携带病毒或木马等恶意程序，以及部分软件有一定的使用限制等。

3.从其他电脑复制

如果其他电脑中保存了软件的安装文件，那么就可以通过网络或移动存储设备复制粘贴软件安装文件并进行安装。

> **技能拓展**
>
> 目前，软件可以分为免费软件与付费软件两种。免费软件是指可以免费获取并使用的软件；付费软件则是指需要付费购买的软件，部分付费软件提供试用期。小工具软件多为免费软件。

6.1.2　安装软件

软件的安装方法基本相同，只是安装界面有区别，用户只要掌握一般的安装方法即可，下面以安装 ACDSee 软件为例进行介绍，用户可通过网络下载的方法获取相应的安装程序（关于网络下载的内容将在后面的章节中详细讲述），安装软件的具体操作步骤如下。

步骤 01　打开安装程序所在文件夹，找到并双击相应的安装程序，如图 6-1 所示。

步骤 02 打开【ACDSee官方免费版安装】对话框，单击【下一步】按钮，如图 6-2 所示。

图 6-1　双击安装程序　　　　　　　　　图 6-2　单击【下一步】按钮

步骤 03 在【许可证协议】界面中单击【我接受】按钮，如图 6-3 所示。

步骤 04 在【安装类型】界面中选中【完全】单选按钮，然后单击【下一步】按钮，如图 6-4 所示。

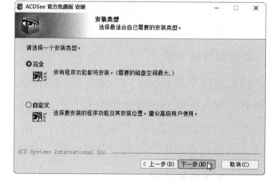

图 6-3　单击【我接受】按钮　　　　　　　图 6-4　单击【下一步】按钮

步骤 05 软件开始安装，其安装界面如图 6-5 所示。

步骤 06 软件安装完成，取消选中【运行ACDSee官方免费版】复选框，然后单击【完成】按钮即可，如图 6-6 所示。

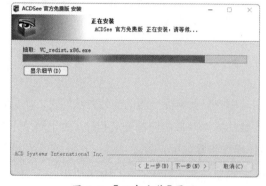

图 6-5　【正在安装】界面　　　　　　　　图 6-6　完成安装

6.1.3 卸载软件

将不再使用的软件卸载，可以节省电脑资源。大多数软件在安装完成时，都会在系统中注册相应的卸载程序，以便用户卸载该软件。卸载软件的方法很多，下面分别介绍在 Windows 设置中卸载和在控制面板中卸载的方法。

1. 在 Windows 设置中卸载软件

在 Windows 11 操作系统的【设置】窗口中，可以查看已安装的软件，选择软件后执行卸载操作即可，具体操作步骤如下。

步骤 01　单击屏幕下方的【开始】按钮▦，在【开始】屏幕中单击【设置】按钮⚙，如图 6-7 所示。

步骤 02　打开【设置】对话框，在左侧窗格中选择【应用】选项，在右侧窗格中选择【应用和功能】选项，如图 6-8 所示。

图 6-7　单击【设置】按钮

图 6-8　选择【应用和功能】选项

步骤 03　打开【应用>应用和功能】界面，单击要卸载的软件右侧的⋮按钮，在弹出的快捷菜单中单击【卸载】命令，然后在弹出的提示对话框中单击【卸载】按钮，如图 6-9 所示。

步骤 04　打开软件卸载对话框，单击【卸载】按钮，如图 6-10 所示。

图 6-9　单击【卸载】按钮

图 6-10　确认卸载

步骤 05　软件开始卸载，其卸载界面如图 6-11 所示。

步骤 06　卸载完成后单击【完成】按钮即可完成卸载，如图 6-12 所示。

图 6-11　卸载界面

图 6-12　单击【完成】按钮

2. 在控制面板中卸载软件

对于大多数已安装的软件，可通过【控制面板】进行卸载，具体操作步骤如下。

步骤 01　双击桌面上的【控制面板】图标，如图 6-13 所示。

步骤 02　打开【所有控制面板项】窗口，选择【程序和功能】选项，如图 6-14 所示。

图 6-13　双击【控制面板】图标

图 6-14　选择【程序和功能】选项

步骤 03　打开【程序和功能】窗口，在【卸载或更改程序】列表框中选中需要卸载的软件，然后单击【卸载/更改】按钮，如图 6-15 所示。

步骤 04　在打开的对话框中单击【卸载】按钮即可卸载软件，如图 6-16 所示。

图 6-15　单击【卸载/更改】按钮

图 6-16　单击【卸载】按钮

技能拓展

打开软件的安装文件夹，找到并双击【Uninstall.exe】文件，也可以运行卸载程序。

课堂范例——快速查看软件的安装路径

快速查看软件安装路径的具体操作步骤如下。

步骤 01 在软件图标上右击，在弹出的快捷菜单中选择【属性】命令，如图 6-17 所示。

步骤 02 打开属性对话框，选择【快捷方式】选项卡，在【起始位置（S）】文本框中即可查看软件的安装路径，如图 6-18 所示。

图 6-17 选择【属性】命令

图 6-18 查看安装路径

6.2 文件的压缩和解压

虽然 Windows 11 操作系统已经内置了压缩功能，但很多人还是喜欢使用功能更强大的 WinRAR 压缩软件，它可以将一个或多个文件或文件夹压缩成一个【.rar】格式的压缩文件，方便存储和发送。

6.2.1 压缩文件或文件夹

安装好 WinRAR 压缩软件后，该软件会自动将相应的快捷命令添加到右键快捷菜单中，只需在电脑中的文件资源上右击，就可以进行压缩操作了，下面以压缩多张图片为例进行讲解，具体操作步骤如下。

步骤 01 选中多张图片，然后右击，在弹出的快捷菜单中选择【WinRAR】选项，在弹出的子菜单中单击【添加到压缩文件】命令，如图 6-19 所示。

步骤 02 打开【压缩文件名和参数】对话框，若要更改压缩文件的保存位置，可单击【浏览】按钮，如图 6-20 所示。

图 6-19　单击【添加到压缩文件】命令

图 6-20　单击【浏览】按钮

步骤 03　打开【查找压缩文件】对话框，选择保存位置，然后在【文件名】文本框中设置文件名，完成后单击【保存】按钮，如图 6-21 所示。

步骤 04　返回【压缩文件名和参数】对话框，根据需要选择压缩文件格式和压缩方式，然后单击【确定】按钮，如图 6-22 所示。

步骤 05　此时即可开始压缩文件或文件夹，并显示压缩时间、压缩率和压缩进度等信息，如图 6-23 所示。

图 6-21　设置保存参数

图 6-22　单击【确定】按钮

图 6-23　查看压缩进度

> **温馨提示**　如果在压缩文件或文件夹时，不需要调整压缩文件的文件名、路径和相关参数，可在右击目标后弹出的快捷菜单中选择【添加到"***.rar"】命令。

6.2.2　解压文件

解压文件的具体操作步骤如下。

步骤 01　打开目标文件夹，右击需要解压的压缩文件，在弹出的快捷菜单中选择【WinRAR】选项，在弹出的子菜单中单击【解压文件】命令，如图 6-24 所示。

步骤 02　打开【解压路径和选项】对话框，设置解压的目标路径和名称，然后单击【确定】按钮即可解压文件，如图 6-25 所示。

图 6-24　单击【解压文件】命令

图 6-25　设置解压目标路径和名称

![课堂范例图标] **课堂范例——分卷压缩大文件**

分卷压缩大文件的具体操作步骤如下。

步骤 01　右击要分卷压缩的文件，在弹出的快捷菜单中选择【WinRAR】选项，在弹出的子菜单中单击【添加到压缩文件】命令，如图 6-26 所示。

步骤 02　弹出【压缩文件名和参数】对话框，在【切分为分卷，大小】下拉列表中选择或手动输入分卷压缩后每个文件的大小，然后单击【确定】按钮，如图 6-27 所示。

图 6-26　单击【添加到压缩文件】命令

步骤 03　开始分卷压缩指定文件，压缩完成后将生成名为【原文件名 .part1.rar】【原文件名 .part2.rar】【原文件名 .part3.rar】等的多个压缩包，如图 6-28 所示。

图 6-27　设置压缩参数

图 6-28　查看分卷压缩文件

6.3　使用ACDSee浏览旅游照片

在旅游途中拍摄了照片后，可以存储在电脑中。虽然Windows 11 操作系统内置了照片查看工具，但如果存储的照片数量比较多，用照片查看器浏览，速度会特别慢，此时可使用专业的看图软件ACDSee浏览。

6.3.1　浏览图片

在电脑中安装好ACDSee以后，会自动添加桌面图标，双击桌面图标运行该软件，就可以在电脑中浏览图片了，具体操作步骤如下。

步骤 01　打开ACDSee主界面，在左侧列表框中找到图片的存储位置，单击相应的图片即会在列表框下方显示该图片的预览图，如图 6-29 所示。

步骤 02　若要查看图片细节，可双击该图片，进入【查看】视图查看大图，单击【下一个】按钮，可查看下一张图片，如图 6-30 所示。

图 6-29　查看预览图

图 6-30　查看大图

步骤 03　如果要旋转图片，单击【向左旋转】按钮或【向右旋转】按钮，如图 6-31 所示。

步骤 04　如果要缩放图片，单击【缩放工具】按钮🔍，此时鼠标指针将变为🔍形状，在图片上单击可以放大图片，在图片上右击可以缩小图片，如图 6-32 所示。

图 6-31　旋转图片

图 6-32　缩放图片

> **技能拓展**
>
> 如果希望将一幅漂亮的图片设置为桌面背景，可单击【工具】菜单项，选择【设置墙纸】命令，在扩展菜单中单击【居中】或【平铺】命令即可。

6.3.2　转换图片格式

使用ACDSee除了可以浏览图片，还可以对图片进行简单的编辑和转换。如果有将现有图片格式转换为其他的图片格式的需要，使用ACDSee即可轻松完成，具体操作步骤如下。

步骤 01　打开软件窗口，在窗口中选中需要转换的图片文件，然后单击【批量】下拉按钮，在弹出的下拉菜单中单击【转换文件格式】命令，如图 6-33 所示。

步骤 02　弹出【批量转换文件格式】对话框，在窗口中的【格式】列表框中选择需要转换的格式，如选择【BMP】选项，然后单击【下一步】按钮，如图 6-34 所示。

图 6-33　单击【转换文件格式】命令

图 6-34　选择转换格式

步骤 03　在【设置输出选项】界面中选择转换后图片的存放位置，在【文件选项】栏中选择保留选项，然后单击【下一步】按钮，如图 6-35 所示。

步骤 04　在【设置多页选项】界面中选择所需的输入选项，然后选择所需的输出选项，完成后单击【开始转换】按钮，如图 6-36 所示。

步骤 05　开始转换图片文件格式，转换完成后，单击【完成】按钮，如图 6-37 所示。

图 6-35　设置输出选项

图 6-36　设置多页选项

图 6-37　完成转换

课堂范例——幻灯放映图片

幻灯放映图片的具体操作步骤如下。

步骤 01　在图片上右击，在弹出的快捷菜单中选择【幻灯放映】命令，即可开始放映，如图 6-38 所示。

步骤 02　在幻灯放映视图中，晃动鼠标可以调出控制面板，单击该面板上的按钮可以控制图片的播放，如图 6-39 所示。

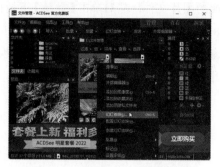

图 6-38　选择【幻灯放映】命令

图 6-39　控制图片的播放

> **技能拓展**
>
> 在图片上右击，在弹出的快捷菜单中单击【配置幻灯放映】命令，在弹出的【幻灯放映属性】对话框中可以设置放映效果、转换时间和背景颜色等。

6.4 文档阅读利器：Adobe Reader

PDF 是 Adobe 公司开发的电子文件格式，如果要阅读或打印此格式的文档，那么 Adobe Reader 是最佳工具。

6.4.1 使用Adobe Reader看PDF文档

如果电脑中安装了 Adobe Reader 软件，双击打开 PDF 文档即可阅读。下面介绍打开 Adobe Reader 之后再打开 PDF 文档的方法，具体操作步骤如下。

步骤 01　双击 Adobe Reader 的桌面图标，启动 Adobe Reader，如图 6-40 所示。

步骤 02　进入 Adobe Reader 主界面，在左侧窗格中选择【您的计算机】选项，在右侧单击【浏览】按钮，如图 6-41 所示。

图 6-40　双击 Adobe Reader 图标

图 6-41　单击【浏览】按钮

步骤 03　弹出【打开】对话框，选中要阅读的 PDF 文档，然后单击【打开】按钮，如图 6-42
所示。

步骤 04　打开选择的 PDF 文档，在主窗口中即可进行文档阅读，如图 6-43 所示。

图 6-42　单击【打开】按钮

图 6-43　阅读 PDF 文档

温馨提示

选择【文件】选项卡，在打开的下拉菜单中选择【打开】选项，也可以弹出【打开】对话框。

6.4.2　在 PDF 上添加批注

在阅读 PDF 文档时，有时需要在文档中添加批注，此时，可以使用【添加附注】功能为文档添加批注，具体操作步骤如下。

步骤 01　单击工具栏中的【添加附注】按钮，如图 6-44 所示。

步骤 02　此时鼠标指针将变为形状，在需要添加批注的位置单击，弹出批注文本框，直接输入批注文本。输入完成后按【Esc】键或单击其他空白位置即可退出批注状态，如图 6-45 所示。

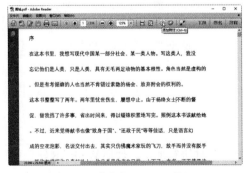

图 6-44　单击【添加附注】按钮

图 6-45　输入批注文本

步骤 03　添加批注之后，文档中会显示批注图标，将鼠标指针移动到批注图标位置即可查看批注，如图 6-46 所示。

步骤 04　如果想要删除批注，可以在批注图标上右击，在弹出的快捷菜单中单击【删除】命令，如图 6-47 所示。

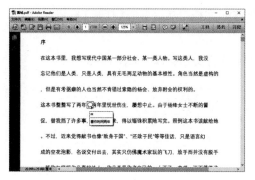

图 6-46　查看批注

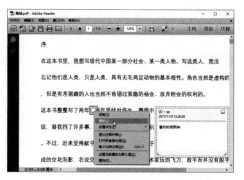

图 6-47　删除批注

📚 课堂范例——打印 PDF 文档

打印 PDF 文档的具体操作步骤如下。

步骤 01 单击工具栏中的【打印】按钮🖶，如图 6-48 所示。

步骤 02 弹出【打印】对话框，分别设置打印份数、大小等参数，然后单击【打印】按钮，即可打印 PDF 文档，如图 6-49 所示。

图 6-48　单击【打印】按钮

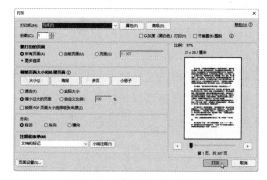

图 6-49　单击【打印】按钮

👤 课堂问答

问题 1：如何为压缩文件设置密码？

答：在压缩文件时，有时为了防止信息泄露，需要对文件进行加密。使用 WinRAR 软件可轻松为压缩文件设置密码，具体操作步骤如下。

步骤 01 在需要压缩的文件上右击，在弹出的快捷菜单中选择【WinRAR】选项，在弹出的子菜单中单击【添加到压缩文件】命令，打开【压缩文件名和参数】对话框，设置好压缩参数，然后单击【设置密码】按钮，如图 6-50 所示。

步骤 02 打开【输入密码】对话框，在【输入密码】文本框和【再次输入密码以确认】文本框中输入密码，然后单击【确定】按钮即可，如图 6-51 所示。

图 6-50 单击【设置密码】按钮

图 6-51 输入密码

问题2: 如何在 Adobe Reader 中高亮显示重要文字?

答: 在 Adobe Reader 中阅读 PDF 文档时, 如果看到需要强调显示的重要文字, 可以使用高亮文本功能, 具体操作步骤如下。

使用 Adobe Reader 打开 PDF 文档, 单击工具栏中的【高亮文本】按钮 ✐, 如图 6-52 所示, 此时鼠标指针将变为 形状, 在需要高亮显示的文本上拖曳鼠标, 释放鼠标左键后, 文本即可高亮显示, 如图 6-53 所示。

图 6-52 单击【高亮文本】按钮

图 6-53 高亮显示文本

🖥 上机实战——为电脑安装【QQ音乐】软件

为了巩固本章知识点, 下面练习为电脑安装【QQ音乐】软件, 使读者对本章的知识有更深入的了解。

思路分析

听音乐是日常放松的方法之一, QQ音乐中收录了许多音乐, 用户可以轻松搜索和播放各种音乐, 下面结合本章所学的安装软件的知识, 介绍安装【QQ音乐】的方法。

制作步骤

步骤01 打开安装程序所在的文件夹, 找到并双击【QQ音乐】的安装程序, 如图 6-54 所示。

步骤02 打开【QQ音乐】安装程序, 单击【快速安装】按钮, 如图 6-55 所示。

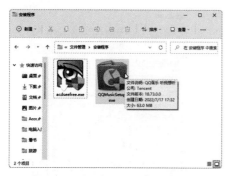

图 6-54　双击【QQ 音乐】安装程序

图 6-55　单击【快速安装】按钮

步骤 03　开始安装【QQ 音乐】软件，其安装界面如图 6-56 所示。

步骤 04　安装完成后单击【立即体验】按钮，或者单击右上角的【关闭】按钮▣即可，如图 6-57 所示。

图 6-56　正在安装

图 6-57　完成安装

🌐 同步训练——使用 ACDSee 制作 PPT

为了增强读者的动手能力，下面训练使用 ACDSee 制作 PPT，让读者达到举一反三、触类旁通的学习效果。

思路分析

使用 PowerPoint 可以更好地向他人展示照片，使用 ACDSee 可以将照片快速添加至 PowerPoint 软件中。本例先在 ACDSee 中选择照片，并设置标题和说明文本，然后创建 PowerPoint 演示文稿。

关键步骤

步骤 01　打开 ACDSee，在左侧列表框中找到图片的存储位置，选中需要制作 PPT 的图片，然后单击【创建】下拉按钮，在弹出的下拉菜单中选择【PPT】选项，如图 6-58 所示。

步骤 02　打开【创建 PPT 向导】对话框，单击【下一步】按钮，如图 6-59 所示。

图 6-58 选择【PPT】选项

图 6-59 单击【下一步】按钮

步骤 03 进入【演示文稿选项】界面，在【演示文稿选项】栏中选中【新的演示文稿】单选按钮，在【幻灯持续时间】数值框中设置幻灯片的持续时间，完成后单击【下一步】按钮，如图 6-60 所示。

步骤 04 进入【文本选项】界面，在【说明】选项卡中设置背景颜色，在【文本】框中输入说明文本，然后单击【字体】按钮，如图 6-61 所示。

图 6-60 设置幻灯片参数

图 6-61 设置说明文本

步骤 05 打开【字体】对话框，分别设置字体、字形和大小，完成后单击【确定】按钮，如图 6-62 所示。

步骤 06 返回【文本选项】界面，切换到【标题】选项卡，在【文本】框中输入标题并设置字体格式，完成后单击【创建】按钮，如图 6-63 所示。

步骤 07 打开 PowerPoint 软件，并自动创建 PPT 文件，如图 6-64 所示。

图 6-62 设置字体格式

图 6-63 单击【创建】按钮

图 6-64 查看 PPT 文件效果

📎 知识能力测试

本章讲解了软件的安装与常用电脑软件的应用，为对知识进行巩固和考核，布置相应的练习题。

一、填空题

1. 卸载软件的方法有多种，比较常用的有 ＿＿＿＿＿＿ 和 ＿＿＿＿＿＿。

2. 获取软件的途径很多，常用的有 ＿＿＿＿＿＿、＿＿＿＿＿＿和 ＿＿＿＿＿＿。

3. 在压缩文件时，如果要更改压缩文件的保存路径，可以单击 ＿＿＿＿＿ 按钮，设置保存路径。

二、选择题

1. 使用 Adobe Reader 为文档添加批注时，可以单击（　　）按钮。

A. 高亮 　　　　　　B. 批注 　　　　　　C. 添加附注 　　　　　D. 打印

2. 在压缩文件时，为了防止信息泄露，可以（　　）。

A. 隐藏压缩文件 　　　　　　　　　B. 给压缩文件设置密码

C. 删除压缩文件 　　　　　　　　　D. 解压压缩文件

3. 为了强调 PDF 文档中的重要文字，可以对文字进行（　　）。

A. 复制 　　　　　　B. 高亮 　　　　　　C. 截图 　　　　　　D. 添加批注

三、简答题

1. 如果想使用 ACDSee 通过 PPT 放映图片，应该怎样操作？

2. 如何将 PDF 文档通过打印机打印出来？

Windows 11+Office 2021

互联网上有丰富的文本、音乐、视频和软件等资源，通过电脑上网，可以在互联网上查询信息，进行各种网上娱乐活动。本章主要介绍互联网相关的基本操作，以及网上资源的搜索与下载方法。

学习目标

- 学会设置网络连接的方法。
- 掌握使用浏览器浏览网页的方法。
- 掌握收藏网页的方法。
- 掌握网上搜索信息的方法。
- 掌握网上下载资源的方法。

7.1 设置网络连接

随着网络技术的发展，网络已经成为人们日常生活和工作中不可缺少的一部分，如今常见的上网方式包括ADSL拨号连接、小区宽带及无线上网等，下面简单介绍网络连接的相关知识。

7.1.1 建立ADSL宽带连接

ADSL是国内普及率最高的网络连接方式，它以安装方便、网速稳定和价格适中等众多优点深受广大用户喜爱。开通ADSL上网服务后，还需要连接ADSL Modem。连接前必须准备一个ADSL Modem、一根电话线和一根网线。参照说明书连接好ADSL设备，就可以开始创建ADSL拨号连接了，具体操作步骤如下。

步骤 01　双击桌面上的【控制面板】图标，如图7-1所示。

步骤 02　打开【所有控制面板项】窗口，在控制面板主页中单击【网络和共享中心】选项，如图7-2所示。

图7-1　双击【控制面板】图标

图7-2　单击【网络和共享中心】选项

步骤 03　打开【网络和共享中心】窗口，单击【更改网络设置】栏中的【设置新的连接或网络】链接，如图7-3所示。

步骤 04　弹出【设置连接或网络】对话框，选择【连接到Internet】选项，然后单击【下一页】按钮，如图7-4所示。

图7-3　单击【设置新的连接或网络】链接

图7-4　选择【连接到Internet】选项

步骤 05 在弹出的对话框中选择【宽带（PPPoE）】选项，如图 7-5 所示。

步骤 06 在弹出的对话框中输入从网络运营商处获取的 ADSL 用户名和密码，确认输入无误后单击【连接】按钮，系统将自动进行拨号连接，连接成功后就可以上网了，如图 7-6 所示。

图 7-5 选择【宽带（PPPoE）】选项

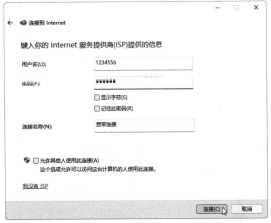

图 7-6 输入用户名和密码

7.1.2 配置宽带路由器

用宽带路由器将多台电脑连接起来后，一个简单的局域网就连接成功了，此时局域网内的用户可进行资源共享和玩局域网游戏，但还不能上网。要实现共享上网，还需要对宽带路由器进行一些配置，具体操作步骤如下。

步骤 01 启动 Microsoft Edge 浏览器，在地址栏中输入宽带路由器的管理页面地址（以华为路由器为例），路由器的管理页面地址可以在说明书中查看，然后按【Enter】键，在打开的页面中输入管理员密码，完成后单击▶按钮，如图 7-7 所示。

步骤 02 在打开的浏览器页面中单击【我要上网】链接，如图 7-8 所示。

图 7-7 输入管理员密码

图 7-8 单击【我要上网】链接

步骤 03 在打开的界面中输入宽带账号和宽带密码，然后单击【保存】按钮，如图 7-9 所示。

步骤 04 显示已成功连接到互联网，单击【我的Wi-Fi】链接，如图7-10所示。

图7-9 单击【保存】按钮

图7-10 单击【我的Wi-Fi】链接

步骤 05 在打开的页面中，设置【Wi-Fi名称】和【Wi-Fi密码】，然后单击【保存】按钮，即可完成路由器的配置，如图7-11所示。

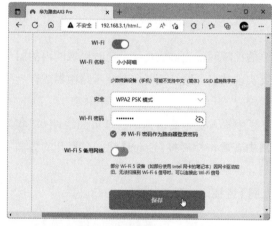

图7-11 设置Wi-Fi参数

温馨提示 路由器的配置方法会因为品牌、型号的不同有所区别，但设置步骤大同小异，可以参照说明书进行配置。

7.1.3 将笔记本电脑接入Wi-Fi

如果用户使用的是笔记本电脑，或者电脑拥有外置无线网卡，在配置好无线宽带路由器后，可以执行以下操作将电脑连入互联网。

步骤 01 将电脑置入无线信号的覆盖范围内，单击通知区域中的【未连接-连接可用】图标，在弹出的【网络】界面中会显示搜索到的无线网络列表，单击要连接的无线网络，然后单击【连接】按钮，如图7-12所示。

步骤 02 此时会提示输入网络安全密钥，输入Wi-Fi密码后，单击【下一步】按钮，如图7-13所示。

图 7-12 单击【连接】按钮

图 7-13 输入 Wi-Fi 密码

步骤 03 提示正在检查网络要求，如图 7-14 所示。

步骤 04 连接成功后，任务栏通知区域中的【网络】图标会变为【已连接】图标，如图 7-15 所示。

图 7-14 正在检查网络要求

图 7-15 连接成功

📚 课堂范例——关闭无线广播

关闭无线广播的具体操作步骤如下。

步骤 01 打开路由器的后台设置页面，单击【更多功能】链接，如图 7-16 所示。

步骤 02 在打开的页面中，选择左侧的【Wi-Fi 设置】选项，在右侧的【Wi-Fi 隐身】下拉列表中选择【开启】选项，如图 7-17 所示。

图 7-16 单击【更多功能】链接

图 7-17 选择【开启】选项

7.2 使用Microsoft Edge浏览器上网

上网最重要和最基本的操作就是浏览网页，网页是一种包含文字、图片、音乐、视频等多媒体信息的页面。要浏览网页除了需要将电脑连接到互联网，还需要使用一种称为"浏览器"的软件，本节以Microsoft Edge浏览器为例进行介绍。

7.2.1 上网看新闻

Microsoft Edge浏览器是Windows 11操作系统自带的浏览器。下面以在新浪网上看新闻为例，介绍如何浏览网页。浏览网页的具体操作步骤如下。

步骤 01 单击任务栏上的【Microsoft Edge】图标，启动Microsoft Edge浏览器，如图7-18所示。

步骤 02 在地址栏中输入要访问网站的网址，如输入【www.sina.com.cn】，然后按【Enter】键，即可访问目标网站，如图7-19所示。

图7-18 单击【Microsoft Edge】图标

图7-19 输入网址

步骤 03 在打开的网页中找到要浏览的新闻标题链接并单击，如图7-20所示。

步骤 04 在弹出的网页中即可浏览详细的新闻，如图7-21所示。

图7-20 单击新闻标题链接

图7-21 查看新闻

7.2.2 收藏常用的网站

通过 Microsoft Edge 浏览器提供的【收藏夹】功能，用户可以随时将自己常用的网站或页面收藏起来，方便以后访问，而不必每次输入复杂的网址，具体操作步骤如下。

步骤 01 进入要收藏的网站，单击【收藏夹】按钮☆，在弹出的菜单中单击【将此页添加到收藏夹】按钮☆，如图 7-22 所示。

步骤 02 网站将被添加到收藏夹栏，默认为可编辑状态，为网页重命名或使用默认名称，如图 7-23 所示。

图 7-22 单击【将此页添加到收藏夹】按钮

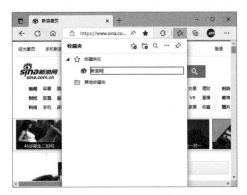

图 7-23 输入网站名称

步骤 03 需要再次访问该网站时，只需单击【收藏夹】按钮☆，在弹出的【收藏夹】窗格中即可看到收藏的网站，单击网站名称即可快速访问收藏的网站，如图 7-24 所示。

步骤 04 如果要删除收藏夹中的网站，只需打开收藏夹，右击要删除的网站名称，在弹出的快捷菜单中单击【删除】命令即可，如图 7-25 所示。

图 7-24 访问收藏夹中的网站

图 7-25 删除收藏夹中的网站

7.2.3 保存网页信息

浏览网页的过程中，有时需要将网页中有用的信息保存下来。例如，用户找到需要的论文资料，可以将文字信息保存下来；在网页中看到一张好看的图片，也可以将其保存到电脑中。

1. 保存网页中的文字信息

保存网页中文字信息的操作十分简单，具体操作步骤如下。

步骤 01 　在网页中选中要保存的文字信息并右击，在弹出的快捷菜单中单击【复制】命令，或者按【Ctrl+C】组合键，将选中的内容复制到剪贴板，如图 7-26 所示。

步骤 02 　打开文档编辑工具，如记事本或 Word，在文档编辑区右击，在弹出的快捷菜单中单击【粘贴】命令，或者按【Ctrl+V】组合键将文字信息粘贴到文档中，然后进行保存操作即可，如图 7-27 所示。

图 7-26　复制文本

图 7-27　粘贴文本

2. 保存网页中的图片

在浏览网页时，如果发现了好看的图片，可以直接将图片保存到电脑中，具体操作 步骤如下。

步骤 01 　打开网页，在要保存的图片上右击，在弹出的快捷菜单中单击【将图像另存为】命令，如图 7-28 所示。

步骤 02 　打开【另存为】对话框，设置图片的保存位置和文件名，完成后单击【保存】按钮即可，如图 7-29 所示。

图 7-28　单击【将图像另存为】命令

图 7-29　设置图片的保存参数

3. 保存整个网页的信息

有的网页图文并茂，如果单独保存文字或图片体现不出其效果，此时可以将整个网页保存下来，具体操作步骤如下。

步骤 01 　打开需要保存的网页，单击【设置及其他】按钮 ，在弹出的菜单中选择【更多工具】选项，在弹出的子菜单中选择【将页面另存为】命令，如图 7-30 所示。

步骤 02 弹出【另存为】对话框，设置文件的保存位置和名称，完成后单击【保存】按钮即可，如图 7-31 所示。

图 7-30 选择【将页面另存为】命令

图 7-31 设置网页的保存参数

温馨提示

如果要浏览保存的网页，打开保存网页的文件夹，即可看到保存的网页文件，双击该文件即可打开浏览。

7.2.4 查看历史记录

用户在使用 Microsoft Edge 浏览器浏览网页时，浏览器会自动将访问过的网页保存到【历史记录】中，方便用户再次访问。如果忘记想要浏览的网站地址，可以通过历史记录重新打开网页，具体操作步骤如下。

步骤 01 打开 Microsoft Edge 浏览器，单击工具栏中的【设置及其他】按钮 •••，在弹出的菜单中单击【历史记录】命令，如图 7-32 所示。

步骤 02 打开【历史记录】窗格，在其中可以查看浏览历史，单击想要浏览的网页标题即可打开网页，如图 7-33 所示。

图 7-32 单击【历史记录】命令

图 7-33 查看历史记录

课堂范例——更改 Microsoft Edge 浏览器的默认主页

更改 Microsoft Edge 浏览器默认主页的具体操作步骤如下。

步骤 01　启动 Microsoft Edge 浏览器，单击工具栏中的【设置及其他】按钮 •••，在弹出的菜单中单击【设置】命令，如图 7-34 所示。

步骤 02　打开【设置】界面，在左侧选择【开始、主页和新建标签页】选项，在右侧的【Microsoft Edge 启动时】栏中选择【打开以下页面】单选按钮，然后单击原主页右侧的 ••• 按钮，在弹出的菜单中单击【编辑】命令，如图 7-35 所示。

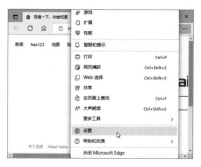

图 7-34　单击【设置】命令

图 7-35　单击【编辑】命令

步骤 03　打开【编辑页面】对话框，在【输入 URL】文本框中输入网址，然后单击【保存】按钮，如图 7-36 所示。

步骤 04　返回【设置】界面，即可看到已经成功将该网址设置为默认主页，如图 7-37 所示。

图 7-36　输入网址

图 7-37　查看默认主页

7.3　搜索网络资源

互联网上有丰富的信息资源，涵盖了人们生活的方方面面。要在广阔的信息海洋中快速找到自己需要的信息，就需要掌握网络资源的搜索方法。本节主要介绍如何通过专业的搜索引擎快速查找信息。

7.3.1　使用关键词搜索网页信息

如果想要查询某一话题相关的网页，而又不知道网址时，可以使用关键词搜索网页信息。下面以百度搜索为例进行介绍，具体操作步骤如下。

步骤 01　启动 Microsoft Edge 浏览器，打开【百度】网站的主页，在页面中心的文本框内输入需要查找信息的关键词，如输入【多肉植物的种类】，然后单击【百度一下】按钮，如图 7-38 所示。

步骤 02　在打开的网页中列出了与【多肉植物的种类】相关的网页链接，单击要查看的网页链接，在打开的网页中就可以看到有关该关键词的详细内容了，如图 7-39 所示。

图 7-38　输入关键词

图 7-39　查看搜索内容

7.3.2　搜索家常菜食谱

当想要制作美味的食物又不知道该如何做时，可以在网络上搜索食谱，具体操作步骤如下。

步骤 01　启动 Microsoft Edge 浏览器，打开【百度】网站的主页，在页面中心的文本框内输入需要查询食谱的名称，如输入【鱼香肉丝】，然后单击【百度一下】按钮，如图 7-40 所示。

步骤 02　在打开的网页中列出了与【鱼香肉丝】相关的网页链接，单击要查看的食谱链接，如图 7-41 所示。

步骤 03　在打开的网页中即可查看【鱼香肉丝】的食谱，如图 7-42 所示。

图 7-40　输入食谱名称

图 7-41　单击食谱链接

图 7-42　查看食谱

7.3.3　查询天气预报

天气预报是日常生活中很重要的资讯，通过互联网可以随时查询当前和未来的天气情况，具体操作步骤如下。

步骤 01　打开【百度】网站的主页，在搜索框中输入关键词，如输入【杭州天气】，然后单击【百度一下】按钮，如图 7-43 所示。

步骤 02　在打开的网页中即可查看杭州的天气情况，如图 7-44 所示。

图 7-43　输入天气关键词

图 7-44　查看天气情况

7.3.4　搜索地图信息

生活在大城市，常常会不知道某个地点的具体位置。使用百度的地图搜索功能，只要输入地名，就可以搜索到该地点的详细位置，具体操作步骤如下。

步骤 01　打开【百度】网站的主页，在窗口上方单击【地图】链接，如图 7-45 所示。

步骤 02　打开百度地图页面，在搜索框中输入地点，然后单击【搜索】按钮，下方会显示搜索出的地点在地图上的具体位置，并以红色标志进行标识，如图 7-46 所示。

图 7-45　单击【地图】链接

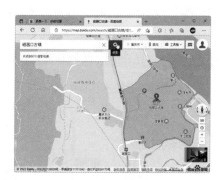

图 7-46　查看地图

7.3.5　搜索公交乘车路线

城市中的公交线路众多，我们难免会遇到要去某个地点而不知道坐哪一路公交车的情况，此时只要上网查询一下，就可以知道乘车路线了。百度地图提供公交路线查询功能，具体操作步骤如下。

步骤 01　打开【百度地图】页面，单击【路线】按钮，如图 7-47 所示。

步骤 02　单击【公交】按钮，切换到【公交】选项卡，在第一个和第二个文本框中分别输入起始位置和目标位置，然后单击【搜索】按钮 🔍，页面中将显示搜索到的公交路线，如图 7-48 所示。

图 7-47 单击【路线】按钮

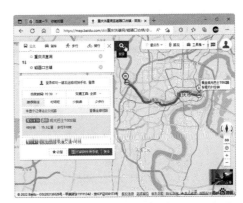

图 7-48 查看公交路线

7.3.6 查询物流信息

如果通过快递寄送物品，可以凭借运单号码查询该笔运单的物流信息，实时追踪快递信息，下面以申通快递为例进行介绍，具体操作步骤如下。

步骤 01 打开【百度】网站的主页，在搜索框中输入"申通快递查询"，然后单击【百度一下】按钮，如图 7-49 所示。

步骤 02 网页中将显示该快递公司的运单查询程序，在【快递单号】文本框中输入要查询的运单号码，然后单击【查询】按钮，网页中将显示该笔运单目前的物流信息，如图 7-50 所示。

图 7-49 输入关键词

图 7-50 查询物流信息

7.3.7 搜索流行音乐

音乐是生活中不可或缺的调剂品，在百度音乐中，可以方便地找到最新、最热的歌曲，具体操作步骤如下。

步骤 01 打开【百度】网站的主页，将鼠标指针移动到左上角的【更多】选项处，在弹出的下拉菜单中选择【音乐】选项，如图 7-51 所示。

步骤 02 打开【千千音乐】首页，在搜索框中输入想要听的音乐名称，然后单击【搜索】按钮，如图 7-52 所示。

图 7-51　选择【音乐】选项

图 7-52　输入音乐名称

步骤 03 搜索出的音乐以列表形式显示在网页中，单击音乐名称后的【播放】按钮收听音乐，如图 7-53 所示。

步骤 04 在打开的页面中，等待音乐缓冲完成就可以收听了，如图 7-54 所示。

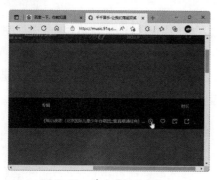

图 7-53　单击【播放】按钮

图 7-54　收听音乐

7.3.8　搜索房屋租售信息

如果需要租房，可以选择使用网络上的房屋租售网站，如 58 同城、赶集网、安居客等，下面以在 58 同城网站中搜索房屋租售信息为例，介绍搜索房屋租售信息的方法，具体操作步骤如下。

步骤 01 打开 58 同城网站，在首页单击【租房】链接，如图 7-55 所示。

步骤 02 在打开的界面中，根据需要选择【区域】【租金】【厅室】【方式】等条件，如图 7-56 所示。

> **温馨提示**
> 打开网站后，网站会根据IP地址自动跳转到所在城市，如果没有自动跳转，也可以单击左上角的【切换城市】链接，在打开的菜单中选择目标城市。

图 7-55　单击【租房】链接

图 7-56　选择租房条件

步骤 03 根据所选条件筛选出合适的房屋租售信息，单击要查看的房屋链接，如图 7-57 所示。

步骤 04 查看房屋的具体信息，如图 7-58 所示。

图 7-57　单击要查看的房屋链接

图 7-58　查看房屋具体信息

7.3.9 查询列车信息

火车是日常生活中非常重要的交通工具。当需要乘坐火车外出时，可以先通过中国铁路 12306 网站查询列车信息，并预订车票，具体操作步骤如下。

步骤 01 启动 Microsoft Edge 浏览器，打开【中国铁路 12306】官方网站，设置出发地、到达地、出发日期等信息，完成后单击【查询】按钮，如图 7-59 所示。

步骤 02 在打开的窗口中，网页下方会列出符合条件的列车信息表，单击需要查看的车次即可查看具体信息，如图 7-60 所示。

图 7-59　设置列车信息

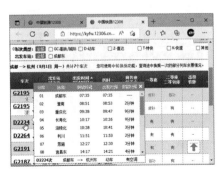

图 7-60　查看列车信息

课堂范例——搜索航班信息

搜索航班信息的具体操作步骤如下。

步骤01 启动Microsoft Edge浏览器，打开【去哪儿网】首页，在【机票】选项卡中设置出发地和到达地，并选择出发日期，完成后单击【立即搜索】按钮，如图7-61所示。

步骤02 在打开的页面中将显示符合搜索条件的各航空公司的航班信息，如图7-62所示。

图 7-61 设置搜索条件

图 7-62 查看航班信息

7.4 下载网络资源

除了可以在网上搜索、浏览信息，还可以将网络资源下载到本地电脑中，下载网络资源一般有两种途径，一种是通过浏览器直接下载，另一种是通过专业下载软件下载。

7.4.1 使用Microsoft Edge浏览器下载

如果电脑中没有安装专业的下载软件，可以通过Microsoft Edge浏览器直接下载网络资源，下面以下载迅雷软件为例进行介绍，具体操作步骤如下。

步骤01 启动Microsoft Edge浏览器，打开【迅雷】主页，在【产品中心】中找到最新版本的迅雷软件，单击【立即下载】按钮，如图7-63所示。

步骤02 软件即会开始下载，软件的大小不同，下载时间也有所不同，下载完成后会弹出提示框，如图7-64所示。

图 7-63 单击【立即下载】按钮

图 7-64 下载完成

7.4.2 使用迅雷下载

对于网速较慢、经常断线的电脑用户来说，使用浏览器直接下载较大的文件有可能失败，此时，可使用专业的下载软件（如迅雷）进行下载，下面以在【腾讯QQ】官方网站下载【QQ PC版】为例进行介绍，具体操作步骤如下。

步骤 01 启动迅雷软件，打开【腾讯QQ】官方网站主页，在【QQ PC版】下方的【立即下载】按钮上右击，在弹出的快捷菜单中单击【复制链接】命令，如图7-65所示。

步骤 02 自动弹出迅雷【添加链接或口令】对话框，链接已经自动粘贴到文本框中，在地址栏中设置文件保存路径，然后单击【立即下载】按钮，如图7-66所示。

图 7-65 单击【复制链接】命令

图 7-66 单击【立即下载】按钮

步骤 03 迅雷开始下载文件，并在主界面中显示下载进度、速度等相关信息，如图7-67所示。

图 7-67 下载文件

温馨提示

如果将迅雷设置为默认下载软件，在下载网络资源时，单击【下载】按钮即可自动启动迅雷进行下载。

课堂问答

问题1：如何恢复 Microsoft Edge 浏览器的默认设置？

答：如果想恢复 Microsoft Edge 浏览器的默认设置，具体操作步骤如下。

步骤01 在 Microsoft Edge 浏览器窗口中单击 ··· 按钮，在弹出的菜单中选择【设置】命令，如图 7-68 所示。

步骤02 打开【设置】页面，切换到【重置设置】选项卡，单击右侧的【将设置还原为其默认值】选项，如图 7-69 所示。

步骤03 弹出【重置设置】对话框，单击【重置】按钮，系统将执行重置 Microsoft Edge 浏览器设置操作，如图 7-70 所示。

图 7-68　选择【设置】命令

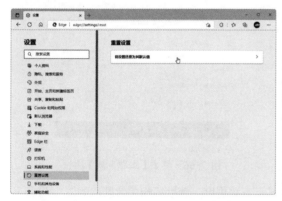

图 7-69　单击【将设置还原为其默认值】选项

图 7-70　确认重置

问题2：如何让迅雷完成下载后自动关机？

答：由于网速有限，下载大文件通常需要很长的时间，此时如果遇到中途有事需要长时间离开的情况，可以通过设置让电脑在文件下载完成后自动关机，具体操作步骤如下。

单击迅雷左下角的【下载计划】按钮 ⊙，在弹出的菜单中选择【下载完成后】命令，在弹出的扩展菜单中选择【关机】命令即可，如图 7-71 所示；设置完成后，下载列表下方会提示【已开启下载完成后关机】，单击【取消】按钮，可以取消该命令，如图 7-72 所示。

图 7-71　选择【关机】命令

图 7-72　单击【取消】按钮

上机实战——查询旅游景区信息

为了巩固本章知识点，下面讲解查询旅游景区信息的方法，使读者对本章的知识有更深入的了解。

思路分析

在出门旅游前，最好先通过网络查询目的地的信息，如景区信息、天气情况等，方便合理规划出行方案。

本例首先搜索旅游目的地，然后在搜索结果中选择百度百科查看景区信息，并搜索景区天气情况。

制作步骤

步骤 01 在【百度】主页中输入景区名称，然后单击【百度一下】按钮，如图 7-73 所示。

步骤 02 在搜索结果中找到景区的天气预报，查看天气情况，如图 7-74 所示。

图 7-73 输入景区名称

图 7-74 查看天气情况

步骤 03 单击想要查看的景区信息链接，如单击景区的百度百科链接，如图 7-75 所示。

步骤 04 进入百度百科，单击【地形地貌】链接，如图 7-76 所示。

图 7-75 单击百度百科链接

图 7-76 单击【地形地貌】链接

步骤 05 在打开的页面中可以查看该景区的地形地貌信息，如图 7-77 所示。

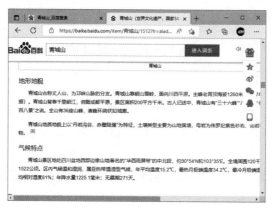

图 7-77　查看地形地貌

⊕ 同步训练——使用迅雷下载 360 安全卫士

为了增强读者的动手能力，下面安排一个同步训练案例，让读者达到举一反三、触类旁通的学习效果。

思路分析

在网络世界遨游时，网络安全非常重要，因此需要下载网络安全工具来保障电脑的安全。

本例使用百度搜索 360 安全卫士的官方网站，找到下载链接后使用迅雷下载安装程序。

关键步骤

步骤01　启动 Microsoft Edge 浏览器，进入【百度】首页，在搜索框中输入"360 安全卫士"，然后单击【百度一下】按钮，在下方的搜索结果中，单击有【官方】字样的网页链接，如图 7-78 所示。

步骤02　打开 360 官网首页，选择【电脑软件】选项，在弹出的菜单中单击【360 安全卫士】链接，如图 7-79 所示。

图 7-78　单击网页链接

图 7-79　单击【360 安全卫士】链接

步骤03　启动迅雷，右击【立即下载】按钮，在弹出的快捷菜单中单击【复制链接】命令，如图 7-80 所示。

步骤04　弹出迅雷【添加链接或口令】对话框，下载链接已经自动粘贴到文本框中，在地址栏中设置文件保存路径，完成后单击【立即下载】按钮，如图 7-81 所示。

图 7-80 单击【复制链接】命令

图 7-81 设置下载参数

步骤 05 迅雷开始下载软件，并在主界面中显示下载进度、速度等相关信息，如图7-82所示。

图 7-82 下载软件

知识能力测试

本章讲解了网络连接、上网操作、搜索网络资源和网络下载的相关知识，为对知识进行巩固和考核，布置相应的练习题。

一、填空题

1. 用宽带路由器将多台电脑连接起来后，就可以连接一个简单的局域网，局域网内的用户可进行＿＿＿＿和＿＿＿＿。

2. 如果想要查询某一话题的相关网页，而又不知道网址时，可以使用＿＿＿＿搜索网页信息。

3. 下载网络资源一般有两种途径，一种是通过＿＿＿＿下载，另一种是通过＿＿＿＿下载。

二、选择题

1. 如果要搜索网络资源，可以在（　　）网站中输入关键词搜索。

A. 淘宝　　　　　　　B. 搜狗　　　　　　　C. 哔哩哔哩　　　　　　　D. 百度

2. 当用户使用Microsoft Edge浏览器查看网页时，浏览器会自动将访问过的网页保存到（　　）

中，方便用户再次访问。

A.【历史记录】　　　　B.【收藏夹】　　　　C.【工具栏】　　　　D.【主页】

3. 如果要搜索重庆市的天气预报，下列关键词中（　　　）是错误的。

A. 重庆地图　　　　B. 重庆天气预报　　　　C. 重庆天气　　　　D. 重庆 天气

三、简答题

1. 使用Microsoft Edge浏览器浏览网站后，如果想要收藏网站应该怎样操作？

2. 如果想知道云南省昆明市的天气情况，应该怎样通过网络来查询？

Windows 11+Office 2021

第8章
便捷的网络通信交流

沟通与交流是人类社会基本的需求之一，通信软件也是使用最为广泛的网络应用。在互联网上，用户可通过通信软件和邮件与好友交流。本章将详细介绍在线收发邮件的方法及常用通信软件QQ、微信的使用方法和技巧。

学习目标

- 掌握申请 QQ 号码的方法。
- 掌握添加 QQ 好友的方法。
- 掌握与 QQ 好友聊天的方法。
- 掌握微信聊天的方法。
- 熟悉申请电子邮件的流程。
- 掌握在线收发邮件的方法。

8.1 使用QQ聊天

腾讯QQ是一款应用非常广泛的在线通信工具，作为一款国产软件，它非常贴合中国人的使用习惯。QQ客户端拥有大量的实用功能，使用户在与朋友交流时，能够获取更多的乐趣。

在使用腾讯QQ之前，需要在电脑中安装QQ客户端。用户可以在腾讯QQ的官方网站下载安装程序。

8.1.1 申请QQ号码并登录

安装腾讯QQ后，用户需要申请一个QQ号码，然后登录QQ，才能与好友进行交流。

1. 申请 QQ 号码

要使用QQ聊天，首先需要拥有一个自己的账号，即QQ号码。QQ号码是一串数字。腾讯提供了多种申请方式，有免费的QQ号码，也有付费的QQ号码。下面介绍如何申请一个免费的QQ号码，具体操作步骤如下。

步骤 01 双击桌面上的【腾讯QQ】图标，启动腾讯QQ，如图8-1所示。

步骤 02 弹出QQ登录界面，单击【注册账号】链接，如图8-2所示。

步骤 03 在打开的QQ注册页面中，输入昵称、密码、手机号码，并勾选【我已阅读并同意服务协议和QQ隐私保护指引】，然后单击【发送验证码】按钮，在【短信验证码】文本框中输入手机上收到的验证码，完成后单击【立即注册】按钮，如图8-3所示。

图 8-1 双击
【腾讯QQ】图标

图 8-2 单击【注册账号】链接

图 8-3 填写注册信息

步骤 04 打开的页面中提示注册成功，将自己的QQ号码记录下来即可，如图8-4所示。

温馨
提示

在申请QQ号码时，如果弹出安全验证窗口，根据提示拖曳滑块进行安全验证即可。

图 8-4　注册成功

2. 登录 QQ

申请了 QQ 号码后，就可以使用 QQ 和朋友聊天了。要使用 QQ，首先要登录 QQ 账号，具体操作步骤如下。

步骤 01　双击桌面上的【腾讯 QQ】图标，弹出 QQ 登录界面，输入 QQ 号码和密码，然后单击【登录】按钮，如图 8-5 所示。

步骤 02　如果弹出 QQ 主界面，表示已经成功登录 QQ，如图 8-6 所示。

图 8-5　输入 QQ 号码和密码

图 8-6　登录成功

8.1.2　添加QQ好友

刚申请的 QQ 账号中没有任何好友，如果要与朋友交流，需要先添加其为好友，具体操作步骤如下。

步骤 01　QQ 登录成功后，在打开的 QQ 主界面中单击【加好友/群】按钮 👤，如图 8-7 所示。

步骤 02　弹出【查找】对话框，在搜索栏中输入要添加的 QQ 号码，然后单击【查找】按钮，如图 8-8 所示。

图 8-7　单击【加好友/群】按钮

图 8-8　查找好友

步骤 03 搜索栏下方将显示出搜索结果，在搜索出的好友列表中单击【+好友】按钮，如图 8-9 所示。

步骤 04 在弹出的【添加好友】对话框中的【请输入验证信息】文本框中输入发送给对方的验证信息，然后单击【下一步】按钮，如图 8-10 所示。

图 8-9 添加好友

图 8-10 输入验证信息

步骤 05 在【备注姓名】文本框中填写对方的姓名，若不填写则默认为昵称，单击【下一步】按钮，如图 8-11 所示。

步骤 06 弹出对话框并显示已成功发送好友添加请求，单击【完成】按钮，如图 8-12 所示。

图 8-11 填写备注姓名

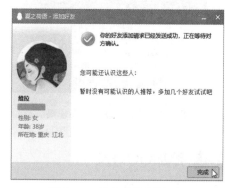

图 8-12 单击【完成】按钮

步骤 07 等待对方确认后，任务栏中会显示闪烁头像，提示添加好友成功，如图 8-13 所示。

图 8-13 添加成功

温馨提示

QQ 中内置了不同的好友分组，如【我的好友】【朋友】【家人】等，便于用户将好友归类，新添加的好友将默认放在【我的好友】分组中。

8.1.3 与QQ好友文字聊天

在线聊天是QQ最基本的功能，下面介绍与好友进行文字聊天的方法，具体操作步骤如下。

步骤 01 在QQ主界面中双击好友头像，如图8-14所示。

步骤 02 在弹出的聊天窗口中输入聊天文字，然后单击【发送】按钮，如图8-15所示。

图 8-14 双击好友头像

图 8-15 输入聊天文字

步骤 03 当好友回复消息后，任务栏中的QQ程序会闪烁好友头像，单击该头像，如图8-16所示。

步骤 04 弹出的聊天窗口中会显示好友的回复，继续输入聊天文字即可，如图8-17所示。

图 8-16 单击闪烁头像

图 8-17 回复聊天

8.1.4 向好友发送图片

使用QQ聊天时不仅可以发送文字，还可以发送图片。发送的图片可以是电脑中的图片文件，也可以是使用QQ的截图功能截取的当前系统操作界面的图片，下面分别讲解。

1. 发送图片文件

如果想要将电脑中的图片文件发送给好友，可以通过QQ的【发送图片】功能来实现，具体操作步骤如下。

步骤 01　打开聊天窗口，单击消息编辑框上方的【发送图片】按钮▨，如图 8-18 所示。

步骤 02　弹出【打开】对话框，选择要发送的图片，然后单击【打开】按钮，如图 8-19 所示。

图 8-18　单击【发送图片】按钮

图 8-19　选择图片

步骤 03　选择的图片将显示到聊天窗口的消息编辑框中，单击【发送】按钮即可发送。好友收到消息后，图片将和文字消息一样显示在聊天窗口中，如图 8-20 所示。

图 8-20　单击【发送】按钮

2. 发送截图

QQ 提供了屏幕截图功能，通过该功能可以截取当前屏幕上的某一部分图像作为图片进行发送，具体操作步骤如下。

步骤 01　打开聊天窗口，单击消息编辑框上方的【屏幕截图】按钮✂，如图 8-21 所示。

步骤 02　此时鼠标指针变为彩色，按住鼠标左键并拖曳，框选出要截取的图像区域，选取完毕后释放鼠标左键，然后单击【完成】按钮，如图 8-22 所示。

图 8-21　单击【屏幕截图】按钮

步骤 03 截取的图像会被自动复制，粘贴到聊天窗口后，单击【发送】按钮即可发送，如图 8-23 所示。

图 8-22　框选截图区域

图 8-23　单击【发送】按钮

8.1.5　将文件传送给好友

QQ不仅可以用于聊天，还可以用于传送文件。使用QQ传送文件不但速度快，而且支持断点续传。下面介绍将一个图片文件传送给好友的操作步骤。

步骤 01 打开与好友的聊天窗口，单击消息编辑框上方的【发送文件】按钮，如图 8-24 所示。

步骤 02 在弹出的【打开】对话框中找到并选择要传送的图片文件，然后单击【打开】按钮，如图 8-25 所示。

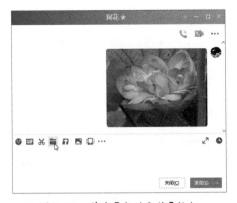

图 8-24　单击【发送文件】按钮

图 8-25　选择图片文件

步骤 03 选择的文件将显示在聊天窗口的消息编辑框中，单击【发送】按钮，此时对方的QQ将收到传送文件请求，如果要接收文件，则单击【接收】或【另存为】按钮，如图 8-26 所示。

步骤 04 开始传送文件，传送完毕后显示文件接收成功，如图 8-27 所示。

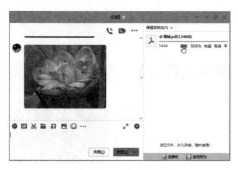

图 8-26　接收文件

图 8-27　文件接收成功

8.1.6　与QQ好友语音聊天

使用QQ不但可以进行文字聊天，还可以进行语音聊天。要进行语音聊天，电脑需要连接音箱（耳机）和麦克风。耳机通常都带有麦克风，只需将麦克风插头与机箱上的麦克风接口连接即可，准备完毕后，即可开始语音聊天，具体操作步骤如下。

步骤 01　打开聊天窗口，单击【发起语音通话】按钮📞，如图 8-28 所示。

步骤 02　通话邀请发出之后，等待对方接受，如图 8-29 所示。

图 8-28　单击【发起语音通话】按钮

图 8-29　等待对方接受

步骤 03　对方收到语音通话的邀请后，屏幕右下角会弹出提示窗口，单击【接听】按钮即可开始语音通话，如图 8-30 所示。

步骤 04　语音通话结束后，单击【挂断】按钮结束通话，如图 8-31 所示。

图 8-30　单击【接听】按钮

图 8-31　单击【挂断】按钮

8.1.7 与好友进行视频聊天

与好友视频聊天可以通过摄像头看到对方,同时也可以进行语音通话。进行视频聊天必须先安装好摄像头。进行视频聊天的具体操作步骤如下。

步骤 01 在 QQ 主界面中双击好友头像,弹出聊天窗口,单击窗口上方的【发起视频通话】按钮📹,向对方发送视频聊天邀请,如图 8-32 所示。

步骤 02 此时对方的 QQ 将收到视频聊天邀请,同意则单击【接听】按钮,如图 8-33 所示。

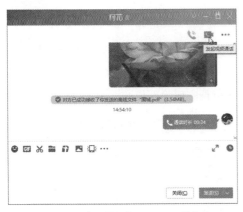

图 8-32 单击【发起视频通话】按钮

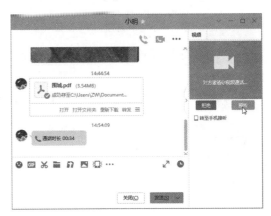

图 8-33 单击【接听】按钮

步骤 03 稍后将显示连接成功,如果双方都有摄像头,那么就可以互相看到对方。如果要结束视频聊天,单击【挂断】按钮即可,如图 8-34 所示。

图 8-34 单击【挂断】按钮

> **温馨提示**
> 在进行语音聊天和视频聊天的同时也可以进行文字聊天,两者互不影响。

📚 课堂范例——加入 QQ 群聊天

加入 QQ 群聊天的具体操作步骤如下。

步骤 01 QQ 登录成功后,在打开的 QQ 主界面中单击【加好友/群】按钮👥,如图 8-35 所示。

步骤 02 打开【查找】对话框,选择【找群】选项卡,在搜索栏中输入 QQ 群号码,然后单击【查找】按钮,搜索到 QQ 群后,单击【+加群】按钮,如图 8-36 所示。

图 8-35　单击【加好友/群】按钮

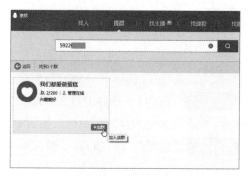

图 8-36　查找QQ群

步骤 03　弹出【添加群】对话框，在文本框中输入验证信息，然后单击【下一步】按钮，如图 8-37 所示。

步骤 04　在弹出的对话框中单击【完成】按钮，等待群主或管理员通过请求，如图 8-38 所示。

图 8-37　输入验证信息

图 8-38　单击【完成】按钮

步骤 05　弹出群主或管理员同意请求的信息之后就可以进入QQ群了，在QQ主界面中选择【联系人】选项卡中的【群聊】栏，然后在列表中双击QQ群的名称，如图 8-39 所示。

步骤 06　弹出聊天窗口，在消息编辑框中输入要发送的信息，然后单击【发送】按钮，如图 8-40 所示。

图 8-39　双击QQ群名称

图 8-40　输入信息

8.2 使用微信聊天

微信是一款移动通信软件，目前主要应用在智能手机上，支持发送语音、视频、图片和文字等信息。

8.2.1 使用电脑版微信

除了可以使用手机版微信，也可以使用电脑版微信进行聊天等基本操作。在使用电脑版微信之前，需要先下载并安装电脑版微信。使用电脑版微信的具体操作步骤如下。

步骤 01 启动电脑版微信，弹出登录对话框，提示用户扫码登录，如图 8-41 所示。

步骤 02 打开手机版微信，使用【扫一扫】功能扫描屏幕上的二维码，如图 8-42 所示。

图 8-41 登录对话框

图 8-42 使用【扫一扫】功能

步骤 03 打开的界面中提示用户在手机上确认登录，如图 8-43 所示。

步骤 04 在手机上的登录确认界面点击【登录】按钮即可在电脑上登录微信，如图 8-44 所示。

图 8-43 确认登录

图 8-44 点击【登录】按钮

步骤 05 打开电脑版微信聊天对话框，并显示聊天记录，选择【通讯录】选项卡 ，选择要发送消息的联系人，在右侧窗口中单击【发消息】按钮，如图 8-45 所示。

步骤 06 在下方的聊天栏中输入聊天信息，然后单击【发送】按钮即可，如图 8-46 所示。

图 8-45 单击【发消息】按钮

图 8-46 单击【发送】按钮

8.2.2 使用微信语音和视频聊天

微信与 QQ 一样，除了可以进行文字聊天，还可以进行语音和视频聊天，具体操作步骤如下。

步骤 01 单击微信聊天窗口中的【语音聊天】按钮 ，如图 8-47 所示。

步骤 02 弹出与好友语音聊天的窗口，如图 8-48 所示。待对方接受邀请后即可开始语音聊天，聊天完毕后单击【挂断】按钮 即可，如图 8-49 所示。

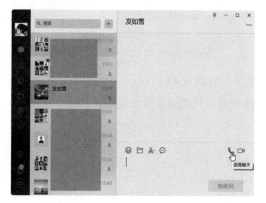
图 8-47 单击【语音聊天】按钮

图 8-48 弹出语音聊天窗口

图 8-49 单击【挂断】按钮

步骤 03 如果要与好友视频聊天，可以单击微信聊天窗口中的【视频聊天】按钮 ，如图 8-50 所示。

步骤 04 弹出与好友视频聊天的窗口，如图 8-51 所示。待对方接受邀请后即可开始视频聊天，聊天完毕后单击【挂断】按钮 即可，如图 8-52 所示。

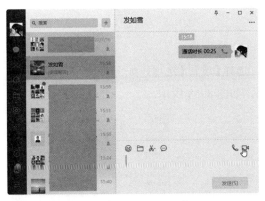
图 8-50 单击【视频聊天】按钮

图 8-51 弹出视频
聊天窗口

图 8-52 单击【挂断】按钮

8.2.3 使用微信传送文件

使用微信还可以向好友传送文件，具体操作步骤如下。

步骤 01 单击微信聊天窗口中的【发送文件】按钮 ▢，如图 8-53 所示。

步骤 02 打开【打开】对话框，选择要发送的文件，然后单击【打开】按钮，如图 8-54 所示。

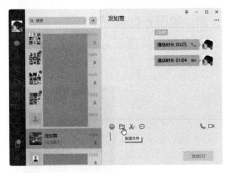
图 8-53 单击【发送文件】按钮

图 8-54 选择要发送的文件

步骤 03 文件将被添加到聊天窗口中，单击【发送】按钮，如图 8-55 所示。

步骤 04 文件将被发送给好友，如图 8-56 所示。

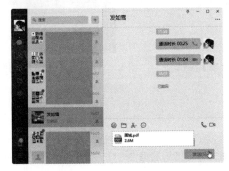
图 8-55 单击【发送】按钮

图 8-56 发送成功

课堂范例——清理手机微信缓存

清理手机微信缓存的具体操作步骤如下。

步骤 01 登录手机微信，点击【我】选项卡，选择【设置】选项，如图 8-57 所示。

步骤 02 在【设置】界面中选择【通用】选项，如图 8-58 所示。

图 8-57 选择【设置】选项　　　　　　　　　　　图 8-58 选择【通用】选项

步骤 03 在【通用】界面中选择【存储空间】选项，如图 8-59 所示。

步骤 04 在【存储空间】界面中点击【前往清理】按钮，如图 8-60 所示。

步骤 05 在【清理缓存】界面中点击【清理】按钮，再在弹出的提示对话框中点击【清理】按钮即可清理微信缓存，如图 8-61 所示。

图 8-59 选择【存储空间】选项　　图 8-60 点击【前往清理】按钮　　图 8-61 点击【清理】按钮

8.3 收发电子邮件

电子邮件（E-mail）几乎是与互联网一起诞生的。与传统的信件一样，电子邮件也可以将信息发送给接收者，只不过信息的载体从纸张变成了网络。与传统的信件相比，电子邮件具有传递速度快、可达范围广和使用方便等优点，而且能发送多种类型的信息，逐渐在大多数领域取代了传统信件。

8.3.1　申请电子邮箱

和传统的邮件投递一样，发送电子邮件也需要一个邮箱地址。互联网中的每个电子邮箱都有一个全球唯一的邮箱地址。电子邮箱地址的格式为"user@server.name"。

例如，在电子邮箱"xshou100@126.com"中，"xshou100"是收件人的用户账号，"@"其实就是英文"at"的缩写，用于连接前后两部分，"126.com"是电子邮箱服务器的域名。

下面就以申请网易电子邮箱为例进行介绍，具体操作步骤如下。

步骤 01　启动 Microsoft Edge 浏览器，进入网易 163 邮箱首页，在登录界面中单击下方的【注册新账号】按钮，如图 8-62 所示。

步骤 02　进入网易邮箱注册页面，根据提示填写用户名、密码及确认密码等信息，然后填写手机号码，并在获取验证码后填写到验证码文本框中，勾选【同意《服务条款》《隐私政策》和《儿童隐私政策》】复选框，完成后单击【立即注册】按钮，如图 8-63 所示。

图 8-62　单击【注册新账号】按钮

图 8-63　填写注册信息

步骤 03　接下来打开的页面中将提示注册成功，如图 8-64 所示。

步骤 04　完成邮箱的申请后，在邮箱主页输入邮箱账号和密码，然后单击【登录】按钮即可登录电子邮箱，如图 8-65 所示。

图 8-64　注册成功

图 8-65　登录邮箱

8.3.2 撰写和发送邮件

要给他人发邮件，首先要知道对方的邮箱地址。撰写和发送邮件的具体操作步骤如下。

步骤 01 进入网易 163 邮箱主页，登录邮箱后单击左侧的【写信】按钮，如图 8-66 所示。

步骤 02 进入邮件撰写页面，在【收件人】文本框中输入对方的邮箱地址，在【主题】文本框中输入邮件标题，在正文区域输入邮件内容，撰写完成后单击【发送】按钮，如图 8-67 所示。

图 8-66 单击【写信】按钮

图 8-67 撰写邮件

步骤 03 稍后即可看到邮件发送成功的信息，如图 8-68 所示。

图 8-68 邮件发送成功

> 温馨提示
>
> 邮件发送成功后，用户可以单击【查看已发邮件】按钮查看邮件，也可以单击【继续写信】按钮再次撰写邮件。

8.3.3 查看和回复新邮件

登录电子邮箱后，若发现有新邮件，应及时查看，并根据需要进行回复。

收到的新邮件在邮件列表中以黑色粗体显示，单击邮件主题链接，即可查看该邮件，具体操作步骤如下。

步骤 01 登录邮箱，如果收到新邮件，就会看到提示，单击【收件箱】按钮，如图 8-69 所示。

步骤 02 右侧的邮件列表中将显示邮件主题、发件人和发件时间等信息，单击要阅读的邮件主题打开邮件，如图 8-70 所示。

图 8-69　单击【收件箱】按钮

图 8-70　阅读邮件

步骤 03　打开邮件后即可进行阅读。阅读后若要回复该邮件，则单击上方的【回复】按钮，如图 8-71 所示。

步骤 04　系统会自动填写好收件人和邮件主题，用户只需在下方撰写好邮件内容，然后单击【发送】按钮即可回复邮件，如图 8-72 所示。

图 8-71　单击【回复】按钮

图 8-72　回复邮件

8.3.4　添加和下载附件

电子邮件不仅可以传递文字信息，还可以以附件的形式传递图片、音频、视频、电子文档等文件。

1.添加附件

在撰写电子邮件时，将要发送的文件添加为邮件的附件，就能将文件随电子邮件一同发送出去。添加附件的具体操作步骤如下。

步骤 01　进入邮件撰写页面，单击【添加附件】按钮，如图 8-73 所示。

步骤 02　在弹出的对话框中选择要作为附件的文件，然后单击【打开】按钮，如图 8-74 所示。

步骤 03　添加的附件将显示在附件列表中。如果要添加多个附件，可以再次单击【添加附件】按钮。添加完附件后单击【发送】按钮即可发送邮件及附件，如图 8-75 所示。

图 8-73　单击【添加附件】按钮

图 8-74　选择要作为附件的文件

图 8-75　发送邮件及附件

2. 接收附件

如果收到有附件的邮件，可以将附件下载到电脑中，具体操作步骤如下。

步骤 01　登录邮箱，打开新邮件。如果邮件中有附件，会在【附件】栏显示。单击【查看附件】
按钮，如图 8-76 所示。

步骤 02　跳转至附件栏，将鼠标指针移至附件上，在弹出的界面中单击【下载】按钮即可下
载附件，若不需要下载可单击【打开】或【预览】按钮在线查看，如图 8-77 所示。

图 8-76　单击【查看附件】按钮

图 8-77　查看附件

8.3.5　删除邮件

接收的邮件多了以后，查看邮件会很不方便。邮箱的空间是有限的，如果空间满了将无法接收
新邮件，因此应及时将不需要的邮件删除。删除邮件的方法有以下两种。

1. 阅读后删除

如果阅读完一封邮件后认为这封邮件没有必要保留，可以直接将其删除，只需单击邮件内容上
方的【删除】按钮即可，如图 8-78 所示。

2. 在邮件列表中删除

如果需要一次性删除多封邮件，可以在邮件列表中依次选中要删除的邮件的复选框，然后单击
列表上方的【删除】按钮，如图 8-79 所示。

图 8-78　阅读后删除

图 8-79　在邮件列表中删除

温馨提示　被删除的邮件会暂时存放在【已删除】文件夹中，该文件夹最多保留最近 7 天内被删除的邮件。在该文件夹中勾选被删除的邮件，然后单击【移动到】按钮，在弹出的菜单中选择【收件箱】选项可以恢复被删除的邮件。

课堂范例——添加联系人

添加联系人的具体操作步骤如下。

步骤 01　打开并登录邮箱，选择【通讯录】选项卡，单击【新建联系人】按钮，如图 8-80 所示。

步骤 02　弹出【新建联系人】对话框，输入姓名、电子邮箱、手机号码等联系人信息，然后单击【确定】按钮，即可将联系人添加到通讯录，如图 8-81 所示。

图 8-80　单击【新建联系人】按钮

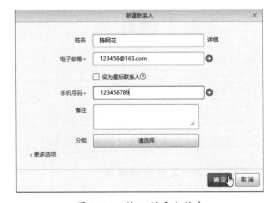

图 8-81　输入联系人信息

课堂问答

问题 1：如何更换 QQ 头像?

答：申请 QQ 号码时会使用默认 QQ 头像，如果想更换自己的 QQ 头像，可在 QQ 主界面中进行设置，具体操作步骤如下。

步骤 01 　启动QQ，在QQ主界面中单击当前头像，如图 8-82 所示。

步骤 02 　打开资料面板，单击头像，如图 8-83 所示。

图 8-82　单击当前头像

图 8-83　单击头像

步骤 03 　打开【更换头像】对话框，单击【挑选推荐头像】按钮，如图 8-84 所示。

步骤 04 　打开【推荐头像】对话框，在列表框中选择需要的头像，然后单击【确定】按钮即可，如图 8-85 所示。

图 8-84　单击【挑选推荐头像】按钮

图 8-85　选择头像

问题 2：如何定时发送邮件？

答：如果想将邮件在某一时间发送给好友，可以选择使用定时发送邮件功能，避免遗忘。定时发送邮件的具体操作步骤如下。

步骤 01 　登录邮箱，在写信界面中编辑好邮件内容，然后单击右下角的【更多发送选项】按钮，如图 8-86 所示。

步骤 02 　选中邮件编辑区域下方的【定时发送】复选框，然后设置发送时间，完成后单击【发送】按钮即可，如图 8-87 所示。

图 8-86　单击【更多发送选项】按钮

图 8-87　设置发送时间

上机实战——创建 QQ 群

为了巩固本章知识点，下面讲解创建 QQ 群的方法，使读者对本章的知识有更深入的了解。

思路分析

用户除了可以加入已有的 QQ 群，也可以创建 QQ 群，组织、寻找志同道合的朋友。本例主要讲解创建 QQ 群的主要步骤，帮助用户创建一个属于自己的 QQ 群。

制作步骤

步骤 01　在 QQ 主界面中选择【群聊】栏，单击【加好友/群】按钮＋，在弹出的下拉菜单中选择【创建群聊】命令，如图 8-88 所示。

步骤 02　在弹出的窗口中选择创建的群类别，如图 8-89 所示。

图 8-88　选择【创建群聊】命令

图 8-89　选择群类别

步骤 03　填写群信息，包括群地点、群名称等，然后单击【下一步】按钮，如图 8-90 所示。

步骤 04　第一次申请 QQ 群时需要输入认证信息，在文本框中填写姓名和手机号，然后单击【提交】按钮，如图 8-91 所示。

图 8-90　填写群信息

图 8-91　输入认证信息

步骤 05　选中想要邀请入群的好友，将好友加入【已选成员】列表，完成后单击【完成创建】按钮，如图 8-92 所示。

步骤 06　认证之后即可成功创建QQ群，单击【确定】按钮即可返回QQ主界面中，如图 8-93 所示。

图 8-92　邀请好友入群

图 8-93　创建群成功

同步训练——通过邮件附件发送多张照片

为了增强读者的动手能力，下面安排一个同步训练案例，让读者达到举一反三、触类旁通的学习效果。

思路分析

在发送邮件时，如果有多个附件需要添加，可以同时上传并发送。

本例主要在写邮件时，添加多张照片作为附件，操作时首先撰写邮件，然后添加多张照片到附件，发现有误传的照片后，再删除部分附件，最后发送邮件。

关键步骤

步骤 01　在邮箱中撰写邮件后，单击【添加附件】按钮，如图 8-94 所示。

步骤 02　在打开的对话框中，按住【Ctrl】键选择多张照片，然后单击【打开】按钮，如图 8-95 所示。

图 8-94　单击【添加附件】按钮

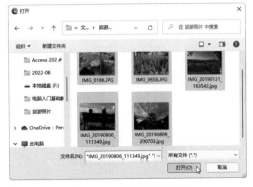

图 8-95　选择多张照片

步骤 03　若发现有误传的照片，单击【删除】按钮删除不需要的附件，如图 8-96 所示。

步骤 04　单击【发送】按钮发送邮件，如图 8-97 所示。

图 8-96　单击【删除】按钮

图 8-97　发送邮件

知识能力测试

本章讲解了使用 QQ、微信和电子邮箱的方法，为对知识进行巩固和考核，布置相应的练习题。

一、填空题

1. 如果要使用 QQ 向好友发送图片，可以使用两种方法，分别是_____和_____。

2. 如果要使用 QQ 与好友进行视频聊天，可以单击窗口上方的_____按钮，向对方发送视频聊天邀请。

3. 使用 QQ 可以发送_____、_____和_____信息。

二、选择题

1. 在接收邮件附件时，可以单击(　　)按钮下载附件。

A. 查看　　　　　B. 接收　　　　　C. 预览　　　　　D. 下载

2. 在使用电脑版微信时，需要通过手机的(　　)功能登录微信账号。

A. 电话簿　　　　B. 短信验证码　　C. 朋友圈　　　　D. 微信扫一扫

3.被删除的邮件会暂时存放在【已删除】文件夹中，该文件夹最多保留最近（　　　）天内被删除的邮件。

A. 7　　　　　　　　B. 14　　　　　　　　C. 3　　　　　　　　D. 1

三、简答题

1.如果想要与好友视频聊天，需要哪些条件？应该怎样操作？

2.如果不小心误删了电子邮件，可以找回吗？应该怎样找回？

Windows 11+Office 2021

第9章
享受网上的影音娱乐

很多人接触电脑就是从网上娱乐开始的。网络世界很精彩，人们可以尽情玩网络游戏、听歌、看电影等。在工作闲暇之余，不妨感受一下轻松的网络氛围，体会精彩的网络世界。

学习目标

- 了解 QQ 游戏平台的使用方法。
- 掌握网上玩网页游戏的方法。
- 熟悉网上看电影的方法。
- 熟悉网上看电视剧的方法。
- 熟悉网上听音乐的方法。

9.1 网上玩游戏

QQ游戏是一款多人在线联机游戏平台，深受广大用户喜爱。闲来无事时在网上打扑克牌、下棋、玩小游戏等都是不错的选择，既能打发时间，又能锻炼大脑。

9.1.1 安装并登录QQ游戏

要想玩QQ游戏，首先要下载和安装QQ游戏。下载QQ游戏的方法有两种，一种是通过网页下载，另一种是通过QQ下载。下面介绍如何通过QQ下载和安装QQ游戏，具体操作步骤如下。

步骤 01 登录QQ，在QQ主界面中单击下方的【QQ游戏】按钮，如图9-1所示。

步骤 02 初次使用QQ游戏会弹出【在线安装】对话框，单击【安装】按钮，如图9-2所示。

图9-1 单击【QQ游戏】按钮

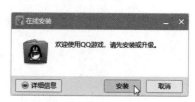

图9-2 单击【安装】按钮

> **温馨提示**
> 如果QQ主界面中没有【QQ游戏】图标🕵，可以单击QQ主界面中的【应用管理器】按钮▥，添加QQ游戏图标。

步骤 03 安装程序自动下载，下载完成后弹出安装程序，选中下方的复选框，单击【快速安装】按钮开始安装，如图9-3所示。

步骤 04 根据提示完成安装，单击【立即体验】按钮，如图9-4所示。

图9-3 单击【快速安装】按钮

图9-4 单击【立即体验】按钮

步骤 05 弹出【QQ游戏】登录对话框，在文本框中分别输入QQ号码和密码，然后单击【马上登录】按钮即可，如图9-5所示。

步骤06 进入游戏大厅后，就可以开始玩游戏了，如图9-6所示。

图 9-5　输入登录信息

图 9-6　进入游戏大厅

9.1.2　与网友斗地主

登录QQ游戏之后，会发现没有安装任何游戏，只是在游戏大厅中提供了游戏列表。用户可以在第一次登录QQ游戏后，根据自己的需要下载并安装相应的游戏。在QQ游戏中安装【斗地主】游戏的具体操作步骤如下。

步骤01 登录QQ游戏，单击【游戏库】按钮，然后选择【欢乐麻将全集】选项，在游戏列表中找到【斗地主】游戏，单击【开始游戏】按钮，如图9-7所示。

步骤02 游戏将自动下载，下载界面如图9-8所示。

图 9-7　单击【开始游戏】按钮

图 9-8　游戏下载界面

步骤03 再次进入游戏大厅时，可以发现【斗地主】游戏已添加至【我的游戏】中，单击游戏图标即可进入游戏，如图9-9所示。

步骤04 单击【场次选择】中某一房间进入即可，如图9-10所示。

图 9-9　单击游戏图标

图 9-10　单击房间

步骤 05　进入游戏房间后，可看到房间中有许多张游戏桌，每桌可坐 3 个玩家，找到一个空位单击，如图 9-11 所示。

步骤 06　弹出游戏窗口并运行游戏，待 3 人坐满并准备完成后即可开始游戏，如图 9-12 所示。

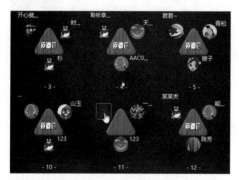

图 9-11　单击空位

图 9-12　等待游戏开始

步骤 07　系统开始发牌，并随机分配地主资格。若自己获得了地主资格，可以选择游戏分数或单击【不叫】按钮拒绝当地主，如图 9-13 所示。

步骤 08　游戏过程中，单击要出的牌将其抽出，单击【出牌】按钮即可出牌。出牌顺序为逆时针方向，并限制每轮出牌时间，如图 9-14 所示。

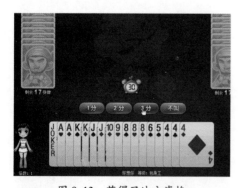

图 9-13　获得了地主资格

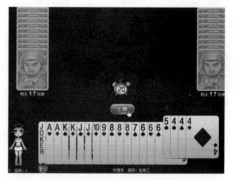

图 9-14　单击【出牌】按钮

步骤 09　一局游戏结束后，会弹出小窗口显示本局得分情况，若还要继续游戏，则单击【开始】按钮准备游戏；若要退出游戏，关闭游戏窗口即可，如图 9-15 所示。

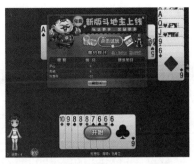

图 9-15　游戏结束

温馨提示　第一次玩 QQ 游戏时，会弹出实名认证窗口，根据提示填写真实姓名和身份证号码即可。

9.1.3　与网友打麻将

打麻将是人们日常生活中常见的娱乐活动，不同地区打麻将的规则有所不同，而 QQ 游戏中也将麻将分为多个类型。规则虽然不同，游戏方法却是一样的。下面以四川麻将为例，介绍在 QQ 游戏中打麻将的方法，具体操作步骤如下。

步骤 01　启动 QQ 游戏，安装【四川麻将】游戏，进入游戏，如图 9-16 所示。

步骤 02　单击【场次选择】中一个房间进入，如图 9-17 所示。

图 9-16　进入游戏

图 9-17　选择房间

步骤 03　房间中有许多张游戏桌，每桌可坐 4 个玩家，找到一个空位单击，如图 9-18 所示。

步骤 04　弹出游戏窗口并运行游戏，单击窗口下方的【开始】按钮准备游戏，如图 9-19 所示。

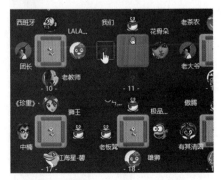

图 9-18　单击空位

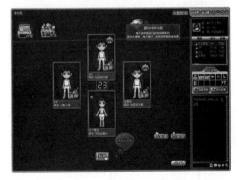

图 9-19　单击【开始】按钮

步骤 05　待坐满 4 位玩家并准备完毕后，系统发牌并开始游戏。轮到自己出牌时，单击要出的牌即可，如图 9-20 所示。

步骤 06 可以和牌或碰牌时，系统都会进行提示，单击相应的按钮即可，如图 9-21 所示。

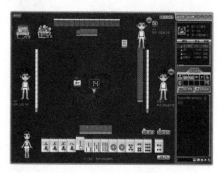

图 9-20 开始出牌

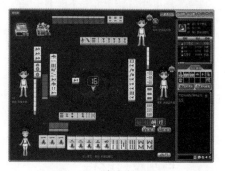

图 9-21 单击相应按钮

步骤 07 三方和牌后游戏结束，游戏会弹出小窗口显示得分情况，如果想继续游戏则单击【开始】按钮；如果想退出游戏，关闭游戏窗口即可，如图 9-22 所示。

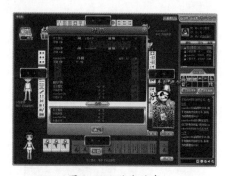

图 9-22 游戏结束

技能
拓展

如果已经听牌，可以单击【托管】按钮，系统将自动出牌，当可以和牌时自动和牌。

课堂范例——在 QQ 游戏中玩【开心消消乐】

在 QQ 游戏中玩开心消消乐的具体操作步骤如下。

步骤 01 启动 QQ 游戏，安装【开心消消乐】游戏，进入游戏，如图 9-23 所示。

步骤 02 单击关卡按钮，此处单击第 1 关，如图 9-24 所示。

图 9-23 进入游戏

图 9-24 单击关卡按钮

步骤 03　弹出任务目标，单击【开始】按钮即可开始游戏，如图 9-25 所示。

步骤 04　根据游戏规则，移动图案使 3 个图案消除，直至达到任务目标，如图 9-26 所示。

图 9-25　单击【开始】按钮

图 9-26　消除图案

步骤 05　过关后系统自动计算游戏分数，并发放奖励，查看后单击【确认】按钮即可，如图 9-27 所示。

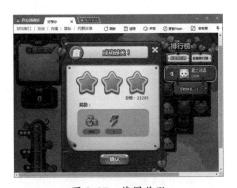

图 9-27　获得奖励

> **技能拓展**
>
> 每个游戏都有相应的游戏规则，在下载游戏时，可以查看游戏规则和游戏方法。

9.2 网上影音娱乐

现在，听歌、看电影、听广播这些娱乐活动都可以在网络上进行，而且内容更加丰富多彩。下面就一起来体验网络影音盛宴吧。

9.2.1　使用酷狗音乐听歌

酷狗音乐是比较常用的音乐软件，下面介绍使用酷狗音乐听歌的方法，具体操作步骤如下。

步骤 01　安装并启动酷狗音乐，在搜索栏中输入想要收听的音乐，然后按【Enter】键，如图 9-28 所示。

步骤 02　在下方的搜索结果中，单击想要收听的音乐后面的【播放】按钮▷，音乐将添加到播放列表，缓冲完成后即可收听，如图 9-29 所示。

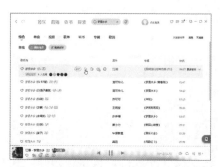

图 9-28　搜索音乐　　　　　　　　　　　　　图 9-29　收听音乐

9.2.2　使用暴风影音看电影

暴风影音是一款视频播放软件，使用它可以在线观看电影，非常方便，具体操作步骤如下。

步骤 01　启动暴风影音，默认自动启动【列表】和【暴风盒子】，在右侧的【暴风盒子】上方单击【电影】按钮，如图 9-30 所示。

步骤 02　在下方的列表中选择想要观看的电影，如图 9-31 所示。

图 9-30　单击【电影】按钮　　　　　　　　　　图 9-31　选择想要观看的电影

步骤 03　开始播放电影，单击控制栏中的【全屏切换】按钮，全屏显示即可开始观看，如图 9-32 所示。

图 9-32　单击【全屏切换】按钮

技能拓展　除了单击【全屏切换】按钮，双击视频播放窗口也可以使视频全屏播放。

9.2.3 使用哔哩哔哩学健身运动

哔哩哔哩（B站）是近年来比较热门的文化社区和视频平台。在哔哩哔哩不仅可以在线观看电影、电视剧、动漫及综艺节目，还可以观看直播、教程等，备受用户青睐。下面介绍使用哔哩哔哩学习健身运动的方法。

图 9-33 搜索视频

步骤 01 启动 Microsoft Edge 浏览器，进入【哔哩哔哩】首页，在搜索栏中输入关键词，如"健身"，单击【搜索】按钮Q，如图 9-33 所示。

步骤 02 在下方的搜索列表中单击想要观看的视频链接，如图 9-34 所示。

步骤 03 在打开的窗口中，等待缓冲完成后即可观看健身视频，如图 9-35 所示。

图 9-34 单击视频链接

图 9-35 观看视频

▮ 课堂范例——在优酷观看电视剧

在优酷观看电视剧的具体操作步骤如下。

步骤 01 启动 Microsoft Edge 浏览器，进入【优酷】首页，在主页的导航栏中单击【电视剧】链接，如图 9-36 所示。

步骤 02 根据需要筛选电视剧，本例单击【最好评】链接，如图 9-37 所示。

图 9-36 单击【电视剧】链接

图 9-37 筛选电视剧

步骤 03　在打开的页面中单击想要观看的电视剧链接，如图 9-38 所示。

步骤 04　在打开的窗口中，等待缓冲完成后即可在线观看电视剧，如图 9-39 所示。

图 9-38　单击想要观看的电视剧链接

图 9-39　观看电视剧

📖 课堂问答

问题 1：如何邀请好友一起玩游戏？

答：如果想和好友一起玩 QQ 游戏，可以邀请好友到 QQ 游戏房间中，具体操作步骤如下。

步骤 01　进入游戏房间，单击【邀请QQ好友】按钮，如图 9-40 所示。

步骤 02　弹出【邀请好友】对话框，在对话框左侧选择要邀请的好友，然后单击【发送】按钮即可发出邀请，如图 9-41 所示。

图 9-40　单击【邀请QQ好友】按钮

图 9-41　发送游戏邀请

问题 2：如何设置酷狗音乐的歌词显示效果？

答：酷狗音乐的歌词默认为蓝色，用户可以切换歌词的显示效果，具体操作步骤如下。

步骤 01　将鼠标指针移动到桌面歌词的位置，激活歌词面板，单击【设置】按钮◎，在弹出的菜单中选择【字体颜色】选项，在弹出的子菜单中选择一种字体颜色，如图 9-42 所示。

步骤 02　单击歌词面板中的【设置】按钮◎，在弹出的菜单中选择【放大歌词】或【缩小歌词】，如图 9-43 所示。

图 9-42 设置歌词颜色

图 9-43 设置歌词大小

上机实战——在优酷观看综艺节目

为了巩固本章知识点，下面讲解在优酷观看综艺节目的方法，使读者对本章的知识有更深入的了解。

思路分析

综艺节目可以让人在工作之余放松心情，本例主要介绍在优酷观看综艺节目的具体操作步骤。本例首先进入优酷首页，然后在综艺节目列表中选择自己喜欢的综艺节目，并关闭弹幕。

制作步骤

步骤 01　启动 Microsoft Edge 浏览器，进入【优酷】首页，单击【综艺】链接，如图 9-44 所示。

步骤 02　在下方的推荐列表中选择综艺节目，如图 9-45 所示。

图 9-44 单击【综艺】链接

图 9-45 选择综艺节目

步骤 03　打开的网页中开始播放所选综艺节目，单击 按钮关闭弹幕，如图 9-46 所示。

步骤 04　单击【全屏】按钮，全屏显示综艺节目即可开始观看，如图 9-47 所示。

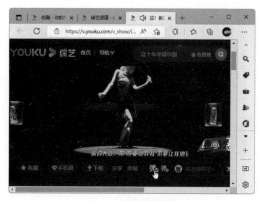

图 9-46　单击 弹 按钮

图 9-47　单击【全屏】按钮

● 同步训练——在 QQ 游戏中玩对对碰

为了增强读者的动手能力，下面安排一个同步训练案例，让读者达到举一反三、触类旁通的学习效果。

思路分析

对对碰是一款经典的消除类游戏，玩家只需要通过单击图案使图案互相换位，连成 3 个或 3 个以上的相同图案消除即可得分，分数最先达到目标者为胜者。本例主要介绍在 QQ 游戏中玩对对碰游戏的具体操作步骤。

本例首先搜索对对碰，等待游戏自动下载安装完成之后，进入对对碰窗口玩游戏。

关键步骤

步骤 01　启动 QQ 游戏，在搜索框中输入"对对碰"，然后单击【搜索】按钮 Q ，在右侧的搜索结果中单击【开始游戏】按钮，如图 9-48 所示。

步骤 02　游戏自动下载并安装，安装完成后自动进入游戏；再次进入游戏大厅时，可以在【我的游戏】中直接单击【对对碰】游戏图标，如图 9-49 所示。

图 9-48　搜索并添加游戏

图 9-49　进入游戏

步骤 03　在对对碰游戏窗口中单击一个游戏房间进入，如图 9-50 所示。

步骤 04　在打开的房间中单击【快速开始游戏】按钮，如图 9-51 所示。

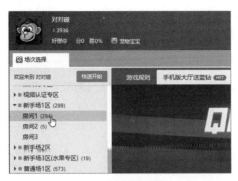

图 9-50　选择房间

图 9-51　快速开始游戏

步骤 05　进入游戏窗口，单击【开始】按钮表示已经做好准备，如图 9-52 所示。

步骤 06　当所有人都单击【开始】按钮后即可开始游戏，如图 9-53 所示。

图 9-52　单击【开始】按钮

图 9-53　开始游戏

知识能力测试

本章讲解了网上玩游戏、听音乐、看电视剧的相关知识，为对知识进行巩固和考核，布置相应的练习题。

一、填空题

1. 在玩斗地主游戏时，出牌的方向为_____。

2. 如果要邀请好友一起玩游戏，可以进入游戏房间，单击_____按钮，弹出邀请好友对话框，在对话框左侧选择要邀请的好友，然后单击_____按钮发出邀请。

3. 如果要在暴风影音中观看电影，可以在_____中单击电影链接。

二、选择题

1. 如果要启动 QQ 游戏，在 QQ 主界面中单击(　　)按钮即可完成启动操作。

A.【QQ 游戏】　　　B.【腾讯视频】　　　C.【加好友】＋　　　D.【QQ 音乐】

2. 在暴风影音中观看视频时，如果想要全屏显示，正确的操作方法是(　　)。

A. 单击【全屏】按钮　　　　　　　　　B. 按【Enter】键

C.单击【最大化】按钮▢   D.以上均正确

3.如果要放大酷狗音乐的歌词，可以单击（   ）按钮。

A.▶| B.A+   C.A-   D.▦

三、简答题

1.结合本章玩QQ游戏的方法，简述如何进入QQ游戏平台玩【大家来找茬】游戏？

2.如果想要观看电视剧《红楼梦》，在优酷中应该怎样查找并观看？

Windows 11+Office 2021

第10章
玩转微博与论坛

　　网络世界丰富多彩，用户既可以在微博随手写下每天的心情，也可以在论坛提出遇到的问题，与网友一起讨论解决。下面介绍如何在网络上分享自己的生活。

学习目标

- 掌握开通微博的方法。
- 掌握发布微博的方法。
- 掌握浏览与回复帖子的方法。
- 掌握发表帖子的方法。

使用微博

微博是目前流行的网络社交平台，在微博中可以实时发布心情，也可以分享生活。

10.1.1　开通微博

要使用微博首先需要注册微博账号，具体操作步骤如下。

步骤 01　打开微博首页，单击【立即注册】按钮，如图 10-1 所示。

步骤 02　在打开的注册页面中填写注册信息，然后单击【免费获取短信激活码】按钮，如图 10-2 所示。

图 10-1　单击【立即注册】按钮

图 10-2　单击【免费获取短信激活码】按钮

步骤 03　在弹出的对话框中，根据图中的提示依次单击完成验证，然后单击【确定】按钮，如图 10-3 所示。

步骤 04　将收到的激活码填写到右侧的文本框中后，单击【立即注册】按钮，如图 10-4 所示。

图 10-3　单击【确定】按钮

图 10-4　单击【立即注册】按钮

步骤 05　进入微博首页，即可浏览微博，如图 10-5 所示。

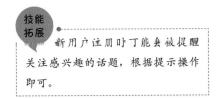

技能
拓展
　新用户注册时可能会被提醒关注感兴趣的话题，根据提示操作即可。

图 10-5　进入个人首页

10.1.2　发布微博

成功完成注册后，用户就可以在自己的首页中发布微博了，微博发布后会即时显示出来。发布微博的方法非常简单，具体操作步骤如下。

步骤 01　登录微博后，在微博首页的文本框中，输入要发布的文字，然后单击【表情】按钮，在弹出的列表中选择表情，完成后单击【发送】按钮，如图 10-6 所示。

步骤 02　发送完成后即可在下方看到刚才发布的微博，如图 10-7 所示。

图 10-6　选择表情

图 10-7　查看微博

技能
拓展
　如果需要插入图片，可以单击文本框下方的【图片】按钮；如果需要插入视频，可以单击文本框下方的【视频】按钮；如果需要插入音乐，可以单击文本框下方的【音乐】按钮。

10.1.3　搜索并关注用户

通过添加关注，可及时查看其他用户的微博，在微博中关注用户的具体操作步骤如下。

步骤 01　登录微博，在导航栏的搜索框中输入需要关注用户的昵称，然后按【Enter】键，如图 10-8 所示。

步骤 02　在打开的页面中会显示搜索到的用户，单击要关注的用户右侧的【+关注】按钮，如图 10-9 所示。

图 10-8　输入用户昵称

图 10-9　单击【+关注】按钮

10.1.4　评论和转发微博

用户不仅可以发布微博，还可以评论和转发其他用户的微博。评论和转发其他用户微博的具体操作步骤如下。

步骤 01　每条微博下方都有【转发】和【评论】按钮，若要评论微博，可单击【评论】按钮，在下方的评论文本框中输入评论内容后，单击【评论】按钮，如图 10-10 所示。

步骤 02　如果要转发微博，可单击【转发】按钮，在弹出的快捷菜单中选择【转发】命令，如图 10-11 所示。

图 10-10　单击【评论】按钮

图 10-11　单击【转发】按钮

步骤 03　在下方的转发文本框中输入转发内容后，单击【转发】按钮，如图 10-12 所示。

图 10-12　单击【转发】按钮

📚 课堂范例——在微博中取消关注用户

在微博中取消关注用户的具体操作步骤如下。

步骤 01 进入微博首页，单击导航栏中的头像链接，如图 10-13 所示。

步骤 02 在打开的【个人主页】页面中单击【我的关注】链接，如图 10-14 所示。

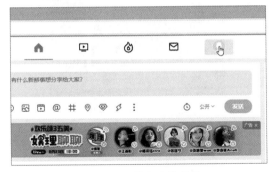

图 10-13　单击头像链接

图 10-14　单击【我的关注】链接

步骤 03 在【我的关注】页面中，将鼠标指针移动到要取消关注的用户右侧的【已关注】按钮上，在弹出的下拉菜单中选择【取消关注】命令，如图 10-15 所示。

步骤 04 在弹出的提示对话框中单击【确认】按钮即可取消关注用户，如图 10-16 所示。

图 10-15　选择【取消关注】命令

图 10-16　单击【确认】按钮

10.2 在论坛上分享经验

论坛又叫BBS，它好比一块电子公告板，用户可以在上面发布信息或提出看法。用户可以阅读他人关于某个话题的看法，也可以将自己的意见发布到论坛中。

10.2.1 登录论坛账户

下面以目前热门的知乎论坛为例进行讲解。首先介绍如何在知乎注册一个属于自己的账号，具体操作步骤如下。

步骤01 启动Microsoft Edge浏览器，进入知乎首页，填写手机号码，然后单击【获取短信验证码】链接，如图10-17所示。

步骤02 弹出安全验证，根据提示拖曳滑块到规定位置，如图10-18所示。

图 10-17 单击【获取短信验证码】链接

图 10-18 拖曳滑块

步骤03 完成安全验证后，验证码会自动发送到手机，填写验证码后单击【登录/注册】按钮，如图10-19所示。

步骤04 即可进入知乎首页，如图10-20所示。

图 10-19 填写验证码

图 10-20 进入知乎首页

技能拓展

如果填写的手机号码没有注册过知乎账户，会在登录时自动注册，根据提示操作即可。

10.2.2 浏览并回复帖子

在论坛中，用户发表的文章称为帖子，一个完整的帖子由标题、正文和回复组成，回复帖子又称跟帖。在知乎中，发帖是以提问的形式来展现的。下面介绍在知乎中提问的方法，具体操作步骤如下。

步骤 01 打开知乎首页并登录，在打开的页面中即可浏览帖子的标题和正文概要，单击帖子的标题，如图 10-21 所示。

步骤 02 在打开的页面中即可浏览帖子的正文，正文下方会显示其他用户的回复，如果要回复帖子，可以单击【写回答】按钮，如图 10-22 所示。

如果用户想要浏览感兴趣的话题，可以在页面上方的文本框中输入话题的关键字，然后单击【搜索】按钮 🔍 。

图 10-21 单击帖子标题

图 10-22 单击【写回答】按钮

步骤 03 在打开页面的文本框中输入要回复的内容，然后单击【发布回答】按钮，如图 10-23 所示。

步骤 04 回答成功后，即可查看自己回复的内容，如图 10-24 所示。

图 10-23 回复帖子

图 10-24 查看回复

10.2.3 发布帖子

在知乎中除了可以阅读并回复他人的帖子，还可以将自己的疑问以新帖的形式发布出来。在知乎提问的具体操作方法如下。

步骤 01 进入知乎首页，在页面上方单击【提问】按钮，如图 10-25 所示。

步骤 02 进入提问页面，在文本框中输入问题标题和问题描述，在下方可以绑定话题（最多可以选择 5 个），完成后单击【发布问题】按钮，如图 10-26 所示。

步骤 03 在打开的页面中即可查看提问的帖子，如图 10-27 所示。

图 10-25 单击【提问】按钮

图 10-26 编辑问题内容

图 10-27 查看帖子

📇 课堂范例——在帖子中插入图片

在帖子中插入图片的具体操作步骤如下。

步骤 01 进入提问页面，在弹出的对话框中输入问题标题，然后单击【插入图片】按钮🖼，如图 10-28 所示。

步骤 02 打开【打开】对话框，选择要插入的图片，然后单击【打开】按钮，如图 10-29 所示。

图 10-28 单击【插入图片】按钮

图 10-29 单击【打开】按钮

步骤 03 系统将上传图片文件，完成后单击【发布问题】按钮，如图 10-30 所示。

步骤 04 在打开的页面中即可看到问题内容，单击【［图片］显示全部】展开按钮，如图 10-31 所示。

图 10-30 单击【发布问题】按钮

图 10-31 单击展开按钮

步骤 05 在问题下方即可查看插入的图片，如图 10-32 所示。

图 10-32 查看图片

课堂问答

问题 1：如何在微博与他人私聊？

答：在微博中，用户可以和其他用户私聊交流，操作方法如下。

步骤 01 登录微博后，查看博文内容，单击其他用户的昵称，如图 10-33 所示。

步骤 02 进入该用户的主页，单击【私信】按钮，如图 10-34 所示。

图 10-33 单击其他用户的昵称

图 10-34 单击【私信】按钮

步骤 03 进入微博聊天页面，在下方的文本框中输入私聊内容，然后按【Enter】键即可发送信息，如图 10-35 所示。

图 10-35 输入私聊内容

问题 2：如何点赞知乎问题？

答：如果赞同某个问题，可以为问题点赞，操作方法如下。

步骤 01 在问题页面单击【好问题】按钮，如图 10-36 所示。

步骤 02 即可点赞该问题，并自动关注该问题，如图 10-37 所示。

图 10-36 单击【好问题】按钮

图 10-37 点赞成功

🖼 上机实战——在知乎匿名回答问题

为了让读者巩固本章知识点，下面讲解在知乎匿名回答问题的方法，使读者对本章的知识有更深入的了解。

思路分析

知乎的问题包罗万象，除了可以在其中提问，还可以回答问题。如果想要隐藏自己的信息，可以匿名回复。

本例先查看知乎上的问题，然后选择匿名回答问题，并查看匿名回答的效果。

制作步骤

步骤 01　进入知乎问题页面，单击 ••• 按钮，在弹出的下拉菜单中选择【使用匿名身份】选项，如图 10-38 所示。

步骤 02　弹出提示对话框，单击【确认】按钮，如图 10-39 所示。

图 10-38　选择【使用匿名身份】选项

图 10-39　单击【确认】按钮

步骤 03　返回问题页面，单击【写回答】按钮，如图 10-40 所示。

步骤 04　在打开页面的文本框中输入要回答的内容，然后单击【发布回答】按钮，如图 10-41 所示。

图 10-40　单击【写回答】按钮

图 10-41　单击【发布回答】按钮

步骤 05　回答成功后，即可查看自己的回答内容，用户名显示为"匿名用户"，如图 10-42 所示。

图 10-42　查看回答

⊕ 同步训练——发布视频微博

为了增强读者的动手能力，下面安排一个同步训练案例，让读者达到举一反三、触类旁通的学习效果。

思路分析

微博不仅可以发布文字信息，还可以发布图片和视频信息，而视频无疑是最具感染力的。本例首先在微博中撰写文字信息，然后添加视频并发布撰写的微博。

关键步骤

步骤 01 打开微博，在微博首页的文本框中，输入要发布的文字，然后单击【视频】按钮🎬，如图 10-43 所示。

步骤 02 在打开的页面中单击【上传视频】按钮，如图 10-44 所示。

图 10-43 单击【视频】按钮

图 10-44 单击【上传视频】按钮

步骤 03 打开【打开】对话框，选择需要的视频文件，然后单击【打开】按钮，如图 10-45 所示。

步骤 04 在打开的【视频发布】页面中设置标题、分类、标签，完成后单击【发布】按钮，如图 10-46 所示。

图 10-45 单击【打开】按钮

图 10-46 单击【发布】按钮

步骤 05 发布完成后显示视频已上传成功，如图 10-47 所示。

步骤06 返回微博首页，即可查看发布的视频微博，如图 10-48 所示。

图 10-47 上传成功

图 10-48 查看视频微博

🍃 知识能力测试

本章讲解了微博和论坛的使用方法，为对知识进行巩固和考核，布置相应的练习题。

一、填空题

1. 登录微博后，在微博首页的文本框中，输入要发布的文字，然后单击＿＿＿＿＿＿＿＿按钮即可发布微博。

2. 在知乎中添加话题时，最多可以添加＿＿＿＿＿＿＿＿个话题。

3. 在知乎中回复帖子时，可以单击＿＿＿＿＿＿＿＿按钮，然后输入要回答的文字，再单击＿＿＿＿＿＿＿＿按钮。

二、选择题

1. 如果要转发微博，可以在查看微博后单击（ ）按钮。

A. 转发　　　　　　　　B. 评论　　　　　　　　C. 收到　　　　　　　　D. 注册

2. 在知乎中回答问题时，可以单击（ ）按钮。

A. 回答　　　　　　　　B. 提交　　　　　　　　C. 写回答　　　　　　　D. 发布

3. 为了及时查看其他用户的微博，可以关注其他用户，关注其他用户时，需要单击（ ）按钮。

A. 粉丝　　　　　　　　B. +关注　　　　　　　C. 微博　　　　　　　　D. 以上均可

三、简答题

1. 看到一条精彩的微博时，如何与博主交流？

2. 在知乎发布帖子时，是否可以将图片插入帖子中？应该如何操作？

Windows 11+Office 2021

网络给人们带来了各种各样的生活体验，利用便利的网络，人们既可以足不出户在网上查看银行账户，也可以缴纳电话费、水电费，还可以购买日常用品、车票等。本章将带大家体验丰富多彩的网络生活。

学习目标

- 掌握网上银行的使用方法。
- 掌握网上缴费的方法。
- 掌握网上购物的方法。
- 掌握网上营业厅的使用方法。

11.1 使用网上银行

网上银行方便快捷，人们足不出户就可以完成余额查询、网上转账等操作。如果需要使用网上银行，需要先到银行卡相应银行网点柜台开通相关功能，领取相应的安全保护工具。由于安全工具不同，在使用不同银行的网上银行支付时的操作步骤可能会有一些小差别，用户根据自己的安全工具提示操作即可。

11.1.1 登录网上银行查询余额

到银行网点柜台开通网上银行之后，就可以使用电脑登录网上银行了，下面以中国工商银行为例，介绍登录网上银行的具体操作步骤。

步骤 01 打开中国工商银行网站首页，单击【个人网上银行登录】链接，如图 11-1 所示。

步骤 02 在个人网上银行登录页面中，填写登录名、登录密码和验证码，然后单击【登录】按钮，如图 11-2 所示。

图 11-1 单击【个人网上银行登录】链接

图 11-2 填写登录信息

步骤 03 登录成功后依次选择【全部】→【银行卡.账户】选项，在弹出的扩展菜单中单击【余额查询】链接，如图 11-3 所示。

步骤 04 打开的页面中即会显示账户的余额信息，如图 11-4 所示。

图 11-3 单击【余额查询】链接

图 11-4 查看余额

11.1.2 查询银行卡明细

登录网上银行后不仅可以查询银行卡余额，还可以查询该银行中所有本人账户（含下挂账户）和托管账户（含下挂账户）的基本信息。下面以在中国工商银行网上银行中查询某个账户的明细信息为例，具体操作步骤如下。

步骤 01 登录中国工商银行的网上银行，依次选择【全部】→【银行卡.账户】选项，在弹出的扩展菜单中单击【明细查询】链接，如图 11-5 所示。

步骤 02 在打开的页面中设置要查询的币种和起止日期等信息，然后单击【查询】按钮，如图 11-6 所示。

图 11-5 单击【明细查询】链接

图 11-6 设置查询参数

步骤 03 在下方即可看到该账户的明细信息，如图 11-7 所示。

图 11-7 查看账户明细

> **温馨提示**
>
> 使用相同的方法还可以查询账户的支付明细、电子对账单、联名账户、用户网点等信息。

11.1.3 向他人转账

当需要向他人汇款时，可以通过网上银行转账，不用到银行排队就可以轻松完成汇款操作，具体操作步骤如下。

步骤 01 登录中国工商银行的网上银行，依次选择【全部】→【汇款】选项，在弹出的扩展菜单中单击【境内汇款】链接，如图 11-8 所示。

步骤 02 在打开的页面中填写收款姓名、收款卡号、收款银行、汇款金额、汇款时间和付款卡号等信息，然后单击【下一步】按钮，如图 11-9 所示。

图 11-8 单击【境内汇款】链接

图 11-9 填写汇款信息

步骤 03 在打开的页面中输入手机上收到的短信验证码，然后单击【确定】按钮，如图 11-10 所示。

步骤 04 打开的页面中将提示转账成功的信息，如图 11-11 所示。

图 11-10 输入验证码

图 11-11 转账成功

温馨提示 ▶ 转账时，支付时选择的安全工具不同，在进行身份确认时，页面和操作可能会有所区别，用户根据页面提示操作即可。

📚 课堂范例——在网上银行购买理财产品

在网上银行购买理财产品的具体操作步骤如下。

步骤 01　登录中国工商银行的网上银行，单击【理财】链接，如图 11-12 所示。

步骤 02　在打开的页面中，显示了可以购买的理财产品，选择一款理财产品，单击【购买】按钮，如图 11-13 所示。

图 11-12　单击【理财】链接

图 11-13　单击【购买】按钮

步骤 03　在打开的页面中查看该理财产品的详细信息，如果确认购买，则单击【购买】按钮，如图 11-14 所示。

步骤 04　在打开的页面中输入购买金额、交易卡号等信息，完成后单击【下一步】按钮，如图 11-15 所示。

图 11-14　单击【购买】按钮

图 11-15　单击【下一步】按钮

> 温馨
> 提示
>
> 理财产品非存款，具有一定的风险，所以在第一次购买理财产品时，会自动打开风险评估页面，完成风险评估后才可以购买理财产品。

步骤 05　弹出相关协议，仔细阅读后单击【我已阅读并同意相关内容】按钮，如图 11-16 所示。

步骤 06　在打开的页面中确认购买信息，并输入收到的短信验证码，然后单击【确定】按钮，如图 11-17 所示。

图 11-16　单击【我已阅读并同意相关内容】按钮

图 11-17　单击【确定】按钮

步骤 07　由于该理财产品处于非交易时间，单击【预约】按钮，如图 11-18 所示。

步骤 08　在打开的页面中可以看到预约申请已经成功提交，系统将在交易时间自动购买该理财产品，如图 11-19 所示。

图 11-18　单击【预约】按钮

图 11-19　成功提交预约

11.2　网上购物新体验

网上购物是指通过网络检索商品信息，然后通过电子订购单发出购物请求，在进行网上支付后，商品以快递的形式送货上门。网上购物打破了传统的购物模式，用户足不出户就可以购买到自己满意的商品，下面介绍网上购物的方法。

11.2.1　在淘宝网购物

淘宝网是国内领先的网上交易平台。要在淘宝网购物或开店，必须先注册成为淘宝网会员，注册方法十分简单，注册完成后即可开启在淘宝网的购物之旅。

在淘宝网购物的具体操作步骤如下。

步骤 01　打开淘宝网首页，单击页面上方的【亲，请登录】链接，如图 11-20 所示。

步骤 02　在打开的登录页面中输入账号和密码，然后单击【登录】按钮，如图 11-21 所示。

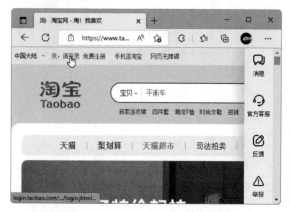

图 11-20　单击【亲，请登录】链接

图 11-21　填写登录信息

步骤 03　登录成功后，在搜索文本框中输入要购买的商品名称，然后单击【搜索】按钮，如图 11-22 所示。

步骤 04　在打开的页面中会显示搜索结果，选择一款想要购买的商品，单击该商品的图片或标题，如图 11-23 所示。

图 11-22　搜索商品

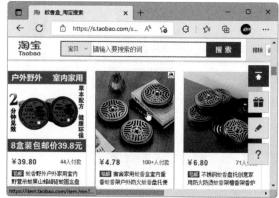

图 11-23　单击商品的图片或标题

步骤 05　在打开的页面中会显示该商品的详细信息，如果确认购买，可以在【颜色分类】栏中选择喜欢的颜色，然后单击【立即购买】按钮，如图 11-24 所示。

步骤 06　在打开的页面中选择收货地址，如果是第一次购买则会提示填写收货地址，并将该地址自动设置为默认收货地址。选择购买数量和配送方式，完成后单击【提交订单】按钮，如图 11-25 所示。

图 11-24 单击【立即购买】按钮

图 11-25 单击【提交订单】按钮

步骤 07 在打开的支付页面中选择支付方式，然后输入支付密码，完成后单击【确认付款】按钮，如图 11-26 所示。

步骤 08 支付完成后，提示已成功付款，只需等待收货即可，如图 11-27 所示。

图 11-26 输入支付密码

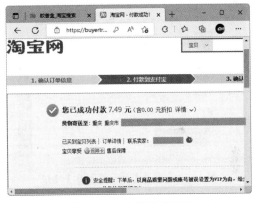

图 11-27 支付成功页面

> **温馨提示** 在淘宝网购物需要使用支付宝付款，在注册淘宝会员时，已经默认开通了支付宝，用户只需在支付宝中充值或绑定银行卡即可使用。

11.2.2 在京东商城购物

京东商城是 B2C（Business-to-Customer）购物模式，即商家面向客户，这种模式由原来的顾客到实体商店购物转变为顾客到网上商店购物，其本质没有变化，只是融入了电子商务。在京东商城购物的具体操作步骤如下。

步骤 01 打开京东商城主页并登录，在页面的左侧选择商品分类，如选择【美妆/个护清洁/宠物】→【口腔护理】→【牙膏】选项，如图 11-28 所示。

步骤 02 在打开的搜索结果页面中单击想要购买的商品图片或标题，如图 11-29 所示。

图 11-28　选择商品分类

图 11-29　单击商品图片或标题

步骤 03　在打开的页面中有该商品的详细信息，如果确认购买，可以选择产品类型，单击【加入购物车】按钮，如图 11-30 所示。

步骤 04　如果还需要购买其他商品，可以再次搜索商品，并加入购物车，如果已经选购完成，则直接单击【去购物车结算】按钮，如图 11-31 所示。

图 11-30　单击【加入购物车】按钮

图 11-31　单击【去购物车结算】按钮

步骤 05　在购物车页面中，已经自动选择了该商品，直接单击【去结算】按钮，如图 11-32 所示。

步骤 06　在打开的页面中选择收货信息、配送方式等，确认完成后，单击右下角的【提交订单】按钮，如图 11-33 所示。

图 11-32　单击【去结算】按钮

图 11-33　单击【提交订单】按钮

步骤 07　在打开的支付页面中选择支付方式，本例选择【微信支付】选项，如图 11-34 所示。

步骤 08　在打开的页面中使用手机微信扫描屏幕上的二维码，然后在手机上完成支付即可，如图 11-35 所示。

图 11-34　选择【微信支付】选项

图 11-35　扫描二维码

11.2.3　在线购买火车票

火车是大家最熟悉的交通工具之一，以前购买火车票需要到火车站或代售点，现在在网上就可以便捷地购买火车票了。在线购买火车票需要先在中国铁路 12306 网站注册账号。在线购买火车票的具体操作步骤如下。

步骤 01　打开中国铁路 12306 网站并登录，在打开的页面中设置出发地、到达地、出发日期等信息，然后单击【查询】按钮，如图 11-36 所示。

步骤 02　在打开的页面中可以查看符合条件的列车信息，在要预订的列车后单击【预订】按钮，如图 11-37 所示。

图 11-36　设置查询信息

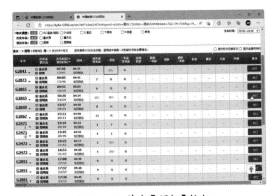

图 11-37　单击【预订】按钮

步骤 03　在打开的页面中确认列车信息，然后填写乘客信息，完成后单击【提交订单】按钮，如图 11-38 所示。

步骤 04　弹出【请核对以下信息】对话框，认真核对车票信息后选择列车席位，完成后单击【确认】按钮，如图 11-39 所示。

图 11-38　单击【提交订单】按钮

图 11-39　单击【确认】按钮

步骤 05　提交订单后，所选席位会被锁定，需要在 30 分钟内完成支付，单击【网上支付】按钮，如图 11-40 所示。

步骤 06　在打开的页面中选择支付银行，页面将自动跳转至该银行的支付界面，完成支付即可成功购买火车票，如图 11-41 所示。

图 11-40　单击【网上支付】按钮

图 11-41　完成支付

课堂范例——在线订购电影票

在线订购电影票的具体操作步骤如下。

步骤 01　打开美团网并登录，然后单击【猫眼电影】链接，如图 11-42 所示。

步骤 02　在打开的【猫眼电影】页面中，单击要观看的电影下方的【购票】按钮，如图 11-43 所示。

图 11-42　单击【猫眼电影】链接

图 11-43　单击【购票】按钮

　　在打开美团网时，一般会根据IP地址自动定位所在城市，如果没有自动定位，单击左上角的【切换城市】
按钮选择所在城市即可。

步骤 03　在打开的页面中选择影院的所在区域，如选择【全部】→【冉家坝】选项，如
图 11-44 所示。

步骤 04　在下方的影院列表中选择要观影的影院，单击右侧的【选座购票】按钮，如
图 11-45 所示。

图 11-44　选择影院所在区域

图 11-45　单击【选座购票】按钮

步骤 05　在打开的页面中选择观影时间，然后在需要的场次后单击【选座购票】按钮，如
图 11-46 所示。

步骤 06　在打开的页面中核对观影信息，确认后单击【确认支付】按钮，然后根据提示付款
即可，如图 11-47 所示。

图 11-46　选择观影时间和场次

图 11-47　单击【确认支付】按钮

11.3　使用网上营业厅

　　在为手机充值、办理手机业务时，总会被营业厅的排队长度"劝退"。现在，中国移动、中国
联通和中国电信已经开通了网上营业厅，想要办理的业务大多可以在网上营业厅完成。下面以使
用中国移动网上营业厅为例，介绍网上营业厅的使用方法。

11.3.1 登录网上营业厅

在使用网上营业厅之前，首先要登录网上营业厅，登录中国移动网上营业厅的具体操作步骤如下。

步骤 01 进入中国移动官方网站，单击左上角的【请登录】链接，如图 11-48 所示。

步骤 02 在登录页面单击右上角的二维码，切换到【短信随机码登录】，填写手机号码后单击【点击获取】按钮，将收到的随机码填写到文本框中，然后单击【登录】按钮即可，如图 11-49 所示。

图 11-48　单击【请登录】链接

图 11-49　填写登录信息

11.3.2 为手机充值

在中国移动网上营业厅可以轻松地为手机充值，具体操作步骤如下。

步骤 01 登录中国移动网上营业厅，在右侧的【话费】栏中填写手机号码，在下方选择充值金额，然后单击【立即充值】按钮，如图 11-50 所示。

步骤 02 在充值页面中可以查看充值信息，若确认充值信息无误，则单击【开始充值】按钮，如图 11-51 所示。

图 11-50　单击【立即充值】按钮

图 11-51　确认充值信息

步骤 03 在确认并支付页面选择支付方式，本例选择【微信支付】，然后单击【确认支付】按钮，如图 11-52 所示。

步骤 04 弹出微信支付二维码，使用手机微信的【扫一扫】功能扫描二维码即可支付，如

图 11-53 所示。

图 11-52　选择支付方式

图 11-53　扫描二维码

11.3.3　查询话费余额

为手机充值之后，可以在网上营业厅查询话费余额，具体操作步骤如下。

步骤 01　登录中国移动网上营业厅，在右侧单击【话费查询】图标，如图 11-54 所示。

步骤 02　在展开的查询菜单中单击【余额查询】图标，如图 11-55 所示。

图 11-54　单击【话费查询】图标

图 11-55　单击【余额查询】图标

步骤 03　在打开的页面中即可查看当前话费余额，如图 11-56 所示。

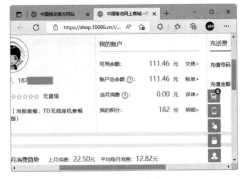

图 11-56　查看余额

> **温馨提示**　在【余额查询】信息下方，设置开始时间和结束时间后单击【查询】按钮，还可以进行【缴费历史查询】【返费历史查询】等。

📖 课堂范例——网上办理手机业务

如果想要办理手机业务，在网上营业厅就可以轻松办理，具体操作步骤如下。

步骤01 登录中国移动网上营业厅，选择【办业务】选项，在打开的扩展菜单中选择要办理的业务，本例选择【国际/港澳台】组中的【开通漫游功能】，如图 11-57 所示。

步骤02 打开漫游功能办理页面，选择套餐类型，然后单击【在线办理】按钮，如图 11-58 所示。

图 11-57 选择业务

图 11-58 单击【在线办理】按钮

步骤03 弹出提示对话框，确认是否继续办理，如果确认办理，则单击【立即办理】按钮，如图 11-59 所示。

步骤04 操作完成后，弹出提示对话框提示业务已受理成功，如图 11-60 所示。

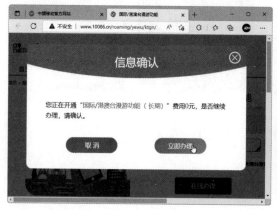

图 11-59 单击【立即办理】按钮

图 11-60 受理成功

🗨 课堂问答

问题1：购买某件商品前，怎样先向商家了解商品情况？

答：与在实体店购物一样，在淘宝网店中看中某件商品后，通常不会马上购买，而是会先向商家了解一些该商品的详细信息。淘宝网专门为淘宝用户量身定制了一款聊天工具"阿里旺旺"，使用该软件，淘宝网的买家和卖家便可以进行交流。买卖双方在使用阿里旺旺进行交流前，需要在淘宝网官方网站下载该软件的安装程序，进行安装后即可使用。

问题2：如何申请退款？

答：如果对在淘宝网购买的货物不满意，可以与卖家联系申请退款和退货，具体操作步骤如下。

步骤01　登录淘宝账号，将鼠标指针移动到【我的淘宝】选项，在弹出的下拉菜单中选择【已买到的宝贝】命令，如图11-61所示。

步骤02　选择要退款的订单，单击【退款/退货】链接，如图11-62所示。

图11-61　选择【已买到的宝贝】命令

图11-62　单击【退款/退货】链接

步骤03　买家可与卖家协商退款的形式，此处选择【退货退款】选项，如图11-63所示。

步骤04　在打开的页面中选择退款原因，输入退款金额，然后单击【提交】按钮即可，如图11-64所示。

图11-63　选择【退货退款】选项

图11-64　设置退款信息

温馨提示　提交了退款申请之后，就可以等待卖家处理了。如果卖家同意了退货退款要求，我们需要把货物打包寄回给卖家，当卖家收到货物之后会将货款退回到支付宝中。

📷 **上机实战——在线预订酒店**

为了巩固本章知识点，下面讲解在线预订酒店的方法，使读者对本章的知识有更深入的了解。

思路分析

在制订旅行计划时，安排交通和住宿都是首要任务，在购买了机票或火车票之后，旅行的行程已基本确定，此时就可以在网上预订酒店了。

本例首先搜索酒店信息，然后在搜索结果中选择合适的酒店并选择房间。

制作步骤

步骤 01 登录携程网，设置目的地和入住日期等信息，然后单击【搜索】按钮，如图 11-65 所示。

步骤 02 在搜索结果中查看酒店信息，单击需要查看的酒店右侧的【查看详情】按钮，如图 11-66 所示。

图 11-65　单击【搜索】按钮

图 11-66　单击【查看详情】按钮

步骤 03 在酒店信息页面中选择合适的房间并单击【预订】按钮，如图 11-67 所示。

步骤 04 填写预订人信息，然后单击【去支付】按钮，完成支付后即可成功预订酒店，如图 11-68 所示。

图 11-67　单击【预订】按钮

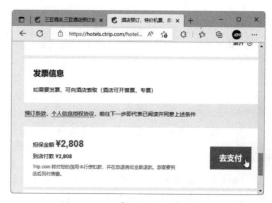

图 11-68　单击【去支付】按钮

同步训练——为固定电话充值

为了增强读者的动手能力，下面安排一个同步训练案例，让读者达到举一反三、触类旁通的学习效果。

思路分析

以前的固定电话都是每月到营业厅交费的，有时忘记交费还会接到催费电话。如果在网上营业厅为固定电话充值，可以免去很多麻烦。

本例首先登录中国电信网上营业厅，查看余额后为固定电话充值。

关键步骤

为固定电话充值的具体操作步骤如下。

步骤 01 打开中国电信网上营业厅，单击页面上方的【登录】链接。

步骤 02 在登录页面中填写固定电话号码，选择所在地区，然后输入密码和验证码，完成后单击【登录】按钮，如图 11-69 所示。

步骤 03 登录成功后展开【充值交费】组，在下拉菜单中选择【在线充值】选项，如图 11-70 所示。

图 11-69 单击【登录】按钮

图 11-70 选择【在线充值】选项

步骤 04 充值号码自动填写为登录号码，选择充值金额后单击【确定充值】按钮，如图 11-71 所示。

步骤 05 弹出核对信息对话框，确认无误后单击【确认】按钮，如图 11-72 所示。

图 11-71 单击【确定充值】按钮

图 11-72 核对充值信息

步骤 06 选择支付方式，本例选择支付宝支付，然后输入验证码，单击【立即支付】按钮，如图 11-73 所示。

步骤 07 弹出支付二维码，使用支付宝扫一扫功能，扫描二维码完成支付即可成功充值，如图 11-74 所示。

图 11-73 选择支付方式

图 11-74 扫描二维码

知识能力测试

本章讲解了网上银行、网上购物和网上营业厅的操作方法，为对知识进行巩固和考核，布置相应的练习题。

一、填空题

1. 登录网上银行不仅可以查询银行卡余额，还可以查询网上银行中所有_____和_____的基本信息。

2. 如果要为手机充值，可以在登录网上营业厅之后在右侧的_____栏中填写手机号码，在下方选择充值金额，然后单击_____按钮。

3. 办理手机业务时，可以在网上营业厅选择_____选项。

二、选择题

1. 京东商城的网址是（   ）。

A. https://www.jd.com/   B. https://www.taobao.com/

C. https://www.baidu.com/   D. https://www.sina.com.cn

2. 登录网上银行后，如果要查询明细，可以在（   ）栏中设置要查询的币种和起止日期等。

A. 余额查询   B. 转账信息   C. 账户查询   D. 明细查询

3. 在网上营业厅为手机充值时，可以使用的支付方式有（   ）。

A. 微信支付   B. 支付宝支付   C. 网银支付   D. 以上均可以

三、简答题

1. 如果要向他人转账，应该如何操作？

2. 如果想要在网上营业厅办理手机业务，应该如何操作？

Windows 11+Office 2021

第12章
电脑的优化与维护

　　用户在使用电脑时，需要定期对其进行维护与病毒查杀，才能使电脑长期稳定工作。用户应该掌握电脑维护的相关知识，以解决电脑在使用中出现的问题。本章将介绍对电脑进行安全防护、系统维护和优化的方法。

学习目标

- 认识与了解电脑病毒。
- 掌握查杀病毒的方法。
- 掌握电脑优化的方法。
- 掌握电脑磁盘维护的方法。
- 掌握电脑日常维护的方法。

12.1 查杀电脑病毒和木马

相信许多电脑初学者都听说过"电脑病毒"这个词，但对它并不了解，当电脑发生各种各样的异常后，才发现病毒已入侵电脑。面对可怕的电脑病毒，我们应该怎样防范呢？电脑感染病毒以后，又应该怎样解决呢？下面就一起来学习。

12.1.1 认识电脑病毒

电脑病毒是电脑的隐形杀手，给很多用户和企业造成了巨大的损失。因此，了解电脑病毒的防范知识，对每个电脑用户来说都是必要的。

1. 电脑病毒的定义

电脑病毒是指能够通过自身复制、传染而引起电脑故障、破坏电脑数据的一种程序。简单地讲，电脑病毒就是一种人为编制的电脑程序，一般是编制者为了达到某种特定的目的而编制的一种能够破坏电脑信息系统、毁坏电脑数据的程序代码。

电脑一旦感染了病毒，就会出现很多"症状"，导致系统性能下降，影响用户的正常使用，甚至对电脑造成灾难性的破坏。系统感染病毒之后，如果能够及时判断并查杀病毒，就可以最大限度地减少损失。如果电脑出现了以下几种"不良反应"，很可能是感染病毒了。

（1）电脑经常死机。

（2）文件打不开或打开文件时有错误提示。

（3）电脑经常报告内存不足或虚拟内存不足。

（4）系统中突然出现大量来历不明的文件。

（5）数据无故丢失。

（6）键盘或鼠标无端被锁死。

（7）系统运行速度变得很慢。

2. 防范电脑病毒的常识

目前，互联网上的病毒、木马程序肆虐，防范病毒的入侵非常重要。防范病毒要从使用电脑的一些细节做起，下面介绍几点防范病毒的常识。

（1）尽量避免在无杀毒软件的电脑上使用U盘等移动存储介质。

（2）在电脑中安装杀毒软件并经常升级。

（3）重要资料必须备份。这样即使病毒破坏了重要文件，也可及时恢复。

（4）使用新软件时，先用杀毒软件检查，这样可以有效减少中病毒的概率。

（5）不要浏览不良网站。

（6）不要在互联网上随意下载软件，因为不明软件可能携带病毒。

（7）不要随便打开不明邮件和附件。建议先将附件保存到本地磁盘，用杀毒软件扫描确认无病毒之后再打开。

12.1.2　使用360安全卫士全面杀毒

360安全卫士是国内比较出名的一款杀毒软件，用户可以从互联网上下载免费的安装程序进行安装。安装了360安全卫士之后，可以先为电脑进行全面体检，从而发现电脑中潜藏的病毒及漏洞等，具体操作方法如下。

步骤01　单击通知区域中的【360安全卫士】图标，如图12-1所示。

步骤02　打开程序主界面，单击【立即体检】按钮，如图12-2所示。

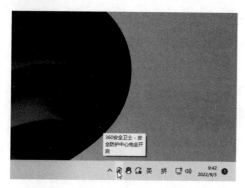

图12-1　单击【360安全卫士】图标

图12-2　单击【立即体检】按钮

步骤03　程序开始进行扫描，并将信息显示在扫描状态栏中，如图12-3所示。

步骤04　扫描完毕后显示扫描结果，若有问题，则单击【一键修复】按钮进行处理，如图12-4所示。

图12-3　程序开始扫描

图12-4　单击【一键修复】按钮

12.1.3　使用360安全卫士查杀木马

随着网络知识的普及和网络用户安全意识的提高，木马的入侵手段也发生了许多变化，当电脑被植入木马后，一般会有以下异常表现。

（1）网络连接异常活跃。在用户没有使用网络资源时，会发现网卡灯不停闪烁。一般来说，如果用户没有使用网络资源，网卡灯闪烁会比较缓慢，如果闪烁频率过高，可能是因为软件在用户不知情的情况下连接了网络。通常情况下，这些软件就是木马程序。

（2）硬盘读写不正常。硬盘读写不正常是指用户在没有读写硬盘的情况下，硬盘灯却显示硬盘正在读写，也就是说硬盘灯在不停地闪烁，此时很可能是有人通过木马程序复制用户计算机中的文件。

（3）聊天工具异常登录提醒。这类情况只发生在用户登录聊天工具时，如QQ，系统会提示用户上一次登录的地点。如果用户上一次并没有在该地点登录，那么一定是QQ账户和密码已经泄露，此时电脑中很可能被植入了木马程序。

（4）网络游戏登录不正常。登录网络游戏时发现装备丢失或角色与上一次下线的位置不一样，甚至使用正确的账号和密码无法登录。如果用户没有向他人透露相关信息，那么可能是电脑中存在木马程序导致账号被盗取。

只靠对电脑进行相关设置来预防木马是不够的，还应定期对电脑进行木马查杀。使用360安全卫士进行木马查杀的具体操作步骤如下。

步骤 01   启动360安全卫士，切换到【木马查杀】选项卡，选择一种查杀方式，如单击【快速查杀】按钮，如图12-5所示。

步骤 02   开始扫描电脑中是否存在木马，如图12-6所示。

图12-5　单击【快速查杀】按钮

图12-6　开始扫描

步骤 03   扫描完成后显示扫描结果，如果有木马被查出，则单击【一键处理】按钮，如图12-7所示。

步骤 04   处理完毕后单击【完成】按钮，即可完成木马查杀，如图12-8所示。

图12-7　单击【一键处理】按钮

图12-8　单击【完成】按钮

课堂范例——使用360安全卫士清理系统

使用360安全卫士清理系统的具体操作步骤如下。

步骤01 启动360安全卫士，切换到【电脑清理】选项卡，单击【一键清理】按钮，如图12-9所示。

步骤02 自动扫描电脑中的垃圾、插件、痕迹，扫描完成后单击【一键清理】按钮即可，如图12-10所示。

图12-9 单击【一键清理】按钮　　　　图12-10 单击【一键清理】按钮

12.2 电脑磁盘的维护与管理

在对电脑进行操作时，电脑中的磁盘是最繁忙的硬件之一，所以，对磁盘维护和管理的操作是非常重要的，只有维护和管理好磁盘，才能提高磁盘性能，保护数据的安全。

12.2.1 格式化磁盘

格式化磁盘用于将磁盘中的数据彻底删除，或者设定新的分区格式。当出现磁盘错误、电脑中毒等情况时，用户就可以对磁盘分区进行格式化。需要注意的是，如果磁盘中保存了重要数据，切记不要轻易执行格式化操作，应先将重要数据另存他处。格式化磁盘的具体操作步骤如下。

步骤01 打开【此电脑】窗口，右击要格式化的磁盘（如F盘），在弹出的快捷菜单中选择【格式化】命令，如图12-11所示。

步骤02 弹出【格式化 本地磁盘（F:）】对话框，在【文件系统】列表中选择【NTFS（默认）】选项，选中【快速格式化】复选框，然后单击【开始】按钮，如图12-12所示。

步骤03 弹出【格式化 本地磁盘（F:）】的警告对话框，单击【确定】按钮，即可格式化本地磁盘（F:），如图 12-13 所示。

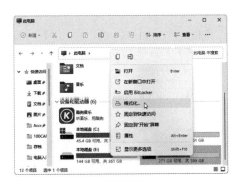

图 12-11 选择【格式化】命令　　图 12-12 单击【开始】按钮　　图 12-13 单击【确定】按钮

12.2.2 清理磁盘中的临时文件

在使用电脑的过程中，不可避免地会产生一些临时文件，这些文件会占用一定的磁盘空间并影响系统的运行速度。因此在电脑使用一段时间后，用户应当对系统磁盘进行清理，将这些临时文件从系统中彻底删除，具体操作步骤如下。

步骤 01　打开【此电脑】窗口，将鼠标指针指向要清理的磁盘并右击，在弹出的快捷菜单中选择【属性】命令，如图 12-14 所示。

步骤 02　弹出【属性】对话框，在【常规】选项卡中单击【磁盘清理】按钮，如图 12-15 所示。

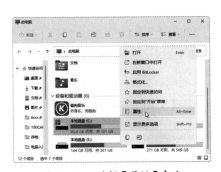

图 12-14 选择【属性】命令

图 12-15 单击【磁盘清理】按钮

步骤 03　弹出【磁盘清理】对话框，在【要删除的文件】列表框中选择要清理的文件类型，单击【确定】按钮，如图 12-16 所示。

步骤 04　在弹出的对话框中单击【删除文件】按钮，即可开始清理所选类型的文件，清理完毕后对话框会自动关闭，如图 12-17 所示。

图 12-16　选择要清理的文件类型　　　　　图 12-17　单击【删除文件】按钮

课堂范例——检查并修复磁盘错误

检查并修复磁盘错误的具体操作步骤如下。

步骤01　选择要检查错误的磁盘，打开【属性】对话框，切换到【工具】选项卡，然后在【查错】栏中单击【检查】按钮，如图 12-18 所示。

步骤02　打开【错误检查】对话框，选择【扫描驱动器】选项，如图 12-19 所示。

图 12-18　单击【检查】按钮　　　　　图 12-19　选择【扫描驱动器】选项

步骤03　开始检查磁盘错误，稍作等待，如图 12-20 所示。

步骤04　若磁盘没有问题会弹出对话框提示用户，单击【关闭】按钮即可，如图 12-21 所示。

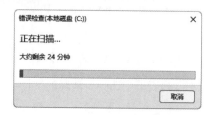

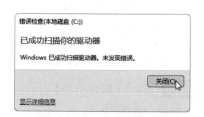

图 12-20　开始检查磁盘错误　　　　　图 12-21　单击【关闭】按钮

12.3　电脑的日常维护与常见故障排除

这里所说的电脑日常维护，主要是从硬件方面阐述，通过对电脑工作环境进行有效的控制，加上对电脑定期清理，让电脑长期保持较佳工作状态。

12.3.1　电脑硬件的日常维护

电脑在长期运转后，不可避免地会堆积许多灰尘，尤其是机箱内部，由于受到散热风扇的影响，总是会出现大量灰尘。定期对电脑硬件进行维护，可有效延长电脑的使用寿命，避免电脑经常出现故障。需要日常维护的电脑硬件如下。

1. 机箱

彻底清理机箱需要把主板、电源等配件全部取下，然后使用毛刷将机箱内部的灰尘打扫干净。需要注意的是，机箱内部一些死角，如前面板拆下后，暴露出来的进风口等部位需要重点清理。

2. CPU 风扇及散热片

首先，用毛刷和洗耳球打扫散热风扇；其次，散热片的沟槽中聚集的灰尘也很难清理，可以将纸巾包在钥匙上，再将钥匙推进散热片的槽中进行擦拭；最后，CPU 风扇使用的时间过长时，转速就会变慢，噪声也会增大，可以给CPU风扇里加一点润滑油。

3. 主板

用毛刷轻轻扫去各部分的灰尘，然后用小毛刷细细刷去北桥散热器、CPU供电部分的顽固尘土。其他组附近一些细小的插孔，如芯片组，则可以使用洗耳球将灰尘吹出。对于主板上的插槽，可先用毛刷刷掉上面的灰尘，毛刷够不到的地方，可以使用洗耳球把灰尘吹出来。

4. 电源

清理电源外壳时，首先用毛刷刷去风扇的叶片和其他通风口的尘土，用吹风机对着与风扇相对的通风口吹几下。在除尘后，有经验的用户可以酌情考虑打开电源外壳进行清理，用毛刷等工具清理电源内部元件，切忌用力过大导致贴片元件脱落。

5. 键盘

在清理键盘时，可以先将键盘表面的灰尘和杂物用毛刷轻扫一遍，然后用抹布蘸取少许清洁液，轻轻擦拭键盘表面和键帽并晾干。

经过以上简单清理之后，如果对键盘的卫生状况还是不满意，可以将键盘翻转，正面朝下轻磕，把键盘内隐藏的一些小杂物清理出来，然后用棉签蘸取少许清洁液，将每个键帽周围的缝隙全面擦拭一遍。

6. 显示器

显示器的清理分为两部分：清理显示器外壳和清理显示屏。清理显示器外壳时要确保已切断电源，切忌使用滴水的布或海绵，尤其是擦拭上方散热孔时，最好使用干布，以防出现意外。

> **温馨提示** ●对于电脑的维护操作，有些维护较为简单，操作起来也比较方便，可经常进行；有些维护需要打开机箱或外壳，维护起来不太方便，可每半年进行一次。

12.3.2 电脑故障产生的原因和常用分析方法

电脑在使用过程中，不可避免地会出现各种各样的故障，用户了解和掌握一些电脑故障发生的原因，可以更加快速准确地判断电脑故障。下面就来了解一下常见的电脑故障产生的原因和常用的故障分析方法。

1. 常见电脑故障与产生原因

电脑故障产生的原因多种多样，主要有以下 10 种。

（1）操作不当。由于误删文件或非法关机等不当操作，造成电脑程序无法运行或电脑无法启动，修复此类故障只要将删除或损坏的文件恢复即可。

（2）感染病毒。病毒通常会导致电脑运行速度慢、死机、蓝屏、无法启动系统、系统文件丢失或损坏等，修复此类故障需要先杀毒，再将被破坏的文件恢复即可。

（3）应用程序损坏或文件丢失。修复此类故障要先卸载应用程序，然后重新安装应用程序即可。

（4）应用程序与操作系统不兼容。修复此类故障通常需要将不兼容的应用程序卸载。

（5）系统配置错误。由于修改了操作系统中的系统设置选项，导致系统无法正常运行，修复此类故障只要将修改过的系统参数恢复即可。

（6）电源工作异常。电源供电电压不足，或者电源功率较低或不供电，通常会造成无法开机、电脑不断重启等故障，修复此类故障一般需要更换电源。

（7）连线与接口接触不良。修复此类故障通常将连线与接口重新连接好即可。

（8）跳线设置错误。由于调整了设备的跳线开关，其工作参数发生改变，从而使设备无法正常工作，如主板跳线设置错误后，可能无法识别硬件设备，从而导致无法正常启动电脑。修复此类故障通常需要正确调整跳线。

（9）硬件不兼容。硬件不兼容一般会造成电脑无法启动、死机或蓝屏等故障，修复此类故障通常需要更换配件。

（10）配件质量问题。配件质量有问题通常会造成电脑无法开机、无法启动，或者某个配件不工作等故障，修复此类故障一般需要更换出故障的配件。

2. 电脑故障维修的基本原则

了解了电脑故障产生的原因后，要排除故障，还需要掌握维修的基本原则，以便在找出故障后，合理有效地排除与解决故障。

（1）注意安全。在开始维修前要做好安全措施。电脑需要接通电源才能运行，在拆机检修时要记得检查电源是否切断。另外，静电的预防与绝缘也很重要，做好安全防范措施，不仅保障了硬件设备的安全，更重要的是保护了自身的安全。

（2）先假后真。"先假后真"是指先确定系统是否真的有故障，操作过程是否正确，连线是否可靠。排除假故障的可能后再考虑真故障。

（3）先软后硬。"先软后硬"是指当电脑发生故障时，应该先从软件和操作系统上分析原因，排除软件方面的原因后，再检查硬件的故障。一定不要一开始就盲目地拆卸硬件，避免做无用功。

（4）先外后内。"先外后内"是指在电脑出现故障时，要遵循先外设再主机，从大到小逐步查找的原则，逐步找出故障点，同时应根据系统给出的错误提示来进行检修。

3. 电脑故障的常用分析和解决方法

电脑故障的现象虽然千奇百怪，解决方法也各不相同，但从原理上来看还是有规律可循的。下面介绍分析和解决电脑故障的一些常用方法。

（1）直接观察。直接观察法包括看、听、闻、摸四种故障检测方法。

看：指观察系统板卡的插头、插座是否歪斜，电阻、电容引脚是否相碰，还要查看是否有异物掉进主板的元器件之间（造成短路），也可以检查板上是否有烧焦变色的地方，印刷电路板上的走线（铜箔）是否断裂等。

听：可及时发现一些事故隐患并有助于在事故发生时及时采取措施。例如，听电源、风扇、软盘、硬盘、显示器等设备的工作声音是否正常。另外，系统发生短路故障时常常伴随着异样的声响。

闻：指闻主机、板卡是否有烧焦的气味，便于发现故障和确定短路所在。

摸：指用手按压硬件芯片，看芯片是否松动或接触不良。另外，在系统运行时用手触摸或靠近CPU、显示器、硬盘等设备的外壳，根据其温度可以判断设备运行是否正常。如果设备温度过高，则有损坏的可能。

（2）清洁法。清洁法主要是针对使用环境较差或使用时间较长的电脑，可以先对一些主要配件和插槽进行清洁，这样往往会获得意想不到的效果。

（3）最小系统法。最小系统法是指从维修判断的角度能使电脑开机或运行的最基本的硬件环境和软件环境。最小系统有以下两种形式。

硬件最小系统：由电源、主板和CPU组成。在这个系统中，没有任何信号线的连接，只有电源到主板的电源连接，通过主板警告声音来判断硬件的核心组成部分是否在正常工作。

软件最小系统：由电源、主板、CPU、内存、显卡、显示器、键盘和硬盘组成，这个最小系统主要用来判断系统是否可完成正常的启动与运行。

（4）插拔法。插拔法的原理是通过插拔板卡，观察电脑的运行状态来判断故障所在。使用插拔法还可以解决一些芯片、板卡与插槽接触不良造成的故障。

> **技能拓展**
>
> 插拔板卡和设备的基本要求是保留系统工作的最小配置，以缩小故障的范围。通常应首先安装主板、内存、CPU、电源，然后开机检测；如果正常，再加上键盘、显示卡和显示器；如果正常，再依次加装光驱、硬盘、扩展卡等。拔去板卡和设备的顺序正好相反。对于拔下的板卡和设备的连接插头也要进行清洁处理，以排除接触不良引起的故障。

（5）替换法。替换法是指将无故障的型号、功能相同的部件相互交换，根据故障现象的变化情况判断故障所在，这种方法多用于易插拔的维修环境，如内存自检出错。如果替换某部件后故障消失，则说明被替换的部件有问题。

（6）比较法。比较法是同时运行两台或多台相同或类似的电脑，根据正常运行的电脑与出现故障的电脑在执行相同操作时的不同表现，初步判断故障产生的位置。

（7）振动敲击法。用手指轻轻敲击机箱外壳，有可能解决因接触不良或虚焊造成的故障，然后再进一步检查故障点的位置。

（8）升温/降温法。升温/降温法采用的是故障促发原理，制造故障出现的条件来促使故障频繁出现，以观察和判断故障所在的位置。

通过人为升高电脑运行环境的温度，可以检验电脑各部件（尤其是CPU）的耐高温情况，从而及时发现故障隐患。人为降低电脑运行环境的温度后，如果电脑的故障出现率大幅减少，说明故障出现在高温或不耐高温的部件中。此法可以缩小故障的诊断范围。

课堂问答

问题1：如何禁止开机启动程序？

答：在安装程序软件时，经常会不小心将软件设置为开机自动启动，过多的开机启动程序会占用系统内存，减慢开机速度。这时可以通过以下方法禁止开机启动程序，具体操作步骤如下。

步骤01 右击任务栏中的【开始】按钮■，然后在弹出的快捷菜单中选择【任务管理器】命令，如图 12-22 所示。

步骤02 打开【任务管理器】窗口，切换到【启动】选项卡，在列表框中可以看到开机自动启动的程序，选中某程序，然后单击【禁用】按钮即可取消该程序的开机自动启动，如图 12-23 所示。

图 12-22　选择【任务管理器】命令　　　　图 12-23　单击【禁用】按钮

问题 2：如何快速关闭无响应的程序？

答：当某个程序无响应时，可以通过 Windows 任务管理器来关闭该程序。当程序出现无法关闭的情况时，可以通过结束任务的方式来关闭，具体操作步骤如下。

启动任务管理器，在【进程】选项卡的【应用】栏中选择要关闭的程序，然后单击【结束任务】按钮即可，如图 12-24 所示。

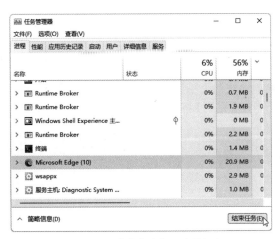

图 12-24　单击【结束任务】按钮

上机实战——使用 360 安全卫士修复系统漏洞

为了巩固本章知识点，下面讲解使用 360 安全卫士修复系统漏洞的综合案例，使读者对本章的知识有更深入的了解。

思路分析

操作系统中存在许多系统漏洞，常常被病毒和黑客所利用，进而危及电脑安全。用户最好及时修复系统漏洞，为电脑建立完整的防御体系。

本例首先使用 360 安全卫士扫描系统漏洞，然后修复漏洞，修复完成后，重新启动电脑让补丁生效。

制作步骤

步骤 01　启动 360 安全卫士，切换到【系统修复】选项卡，单击【一键修复】按钮，如图 12-25 所示。

步骤 02　360 安全卫士开始扫描系统漏洞，扫描完成后单击【一键修复】按钮，如图 12-26 所示。

图 12-25　单击【一键修复】按钮

图 12-26　单击【一键修复】按钮

步骤 03　开始修复漏洞，并显示修复进度，如图 12-27 所示。

步骤 04　修复完成后单击【完成】按钮即可，如图 12-28 所示。

图 12-27　修复漏洞

图 12-28　单击【完成】按钮

🌐 同步训练——为电脑过滤弹窗

为了增强读者的动手能力，下面安排一个同步训练案例，让读者达到举一反三、触类旁通的学习效果。

◀ 思路分析 ▶

在使用电脑的时候，经常会遇到自动弹出的广告弹窗，不仅影响电脑的工作界面，还会占据内存空间，此时可以过滤弹窗。

本例使用 360 安全卫士为电脑过滤弹窗，首先添加弹窗过滤插件，然后开启强力模式过滤弹窗。

◀ 关键步骤 ▶

步骤 01　打开 360 安全卫士主界面，切换到【功能大全】选项卡，在下方的列表中选择【弹窗过滤】选项，如图 12-29 所示。

步骤 02　软件会自动下载弹窗过滤工具，下载完成后弹出【360 弹窗过滤】窗口，单击【开启强力模式】按钮，如图 12-30 所示。

图 12-29 选择【弹窗过滤】选项

图 12-30 单击【开启强力模式】按钮

步骤 03 软件自动查找可以过滤的弹窗，过滤完成后显示过滤结果，单击【我知道了】按钮，如图 12-31 所示。

步骤 04 查看已过滤的弹窗信息，如果不需要过滤弹窗，可以单击【切换普通模式】按钮，切换到普通模式，如图 12-32 所示。

图 12-31 单击【我知道了】按钮

图 12-32 查看已过滤弹窗

知识能力测试

本章讲解了对电脑进行安全防护、系统维护和优化的方法，为对知识进行巩固和考核，布置相应的练习题。

一、填空题

1. 电脑病毒是指能够通过自身复制传染而引起＿＿＿＿＿＿、＿＿＿＿＿＿的一种程序。

2. 当电脑中木马后，常见的异常表现有＿＿＿＿、＿＿＿＿、＿＿＿＿、＿＿＿＿。

3. 使用 360 安全卫士查杀木马后，需要单击＿＿＿＿按钮清除木马。

二、选择题

1. 如果要使用 360 安全卫士对电脑中的所有文件进行检查，应该使用（　　）功能。

A. 全面扫描　　　　B. 全盘查杀　　　　C. 自定义查杀　　　　D. 立即体检

2. 重复读写操作会导致磁盘中产生很多磁盘碎片，过多的碎片会占用磁盘的空间，影响读写速度，此时可以使用（　　）功能清理磁盘碎片。

　　A. 磁盘清理　　　　　　B. 检查　　　　　　C. 优化　　　　　　D. 格式化

　　3. 在维修电脑时，卸载了某个软件之后电脑恢复正常，这是因为电脑的（　　）出现了问题。

　　A. CPU　　　　　　　　B. 硬件　　　　　　C. 显示器　　　　　　D. 软件

三、简答题

　　1. 如果发现QQ异地登录，但非本人操作，应该怎样补救？

　　2. 请简单回答引起电脑故障的原因。

Windows 11+Office 2021

第13章
用Word 2021创建与编排办公文档

　　在日常生活中人们常常需要编辑和打印一些文档，如通知、信函、房屋出租广告、寻物启事、合同等，而Word正是一款功能强大的文档编辑工具，它已成为人们日常工作、学习和生活中处理信息的好助手。本章介绍Word 2021的基本知识，掌握它的使用方法，可以解决许多日常生活中的问题。

学习目标

- 熟悉 Word 2021 的基本操作。
- 熟悉 Word 2021 的工作界面。
- 掌握 Word 文档的输入与编辑方法。
- 掌握 Word 文档的格式设置方法。
- 掌握 Word 文档的图文混排功能。
- 掌握 Word 文档的表格制作技能。
- 掌握 Word 文档的打印方法。

Word 2021基本操作

　　Word 2021 是Microsoft Office 2021 中常用的组件之一，主要用于编辑和处理文档。在使用Word 2021 编辑文档之前，首先需要了解其基本的操作，为后面的学习打下坚实的基础。

13.1.1 新建Word文档

　　文本的输入和编辑操作都是在文档中进行的。因此，要进行各种文本操作必须先新建一个Word文档，新建文档的方法有以下几种。

　　（1）单击【开始】按钮，在打开的开始屏幕中单击【Word】图标启动 Word 2021，软件启动之后在打开的 Word 窗口中将显示最近使用的文档和程序自带的模板缩略图，此时按【Enter】键或【Esc】键，或者直接选择【空白文档】选项，即可进入空白文档界面，如图 13-1 所示。

　　（2）在 Word 操作环境下切换到【文件】选项卡，在左侧窗格中选择【新建】命令，在右侧窗格中选择【空白文档】选项即可，如图 13-2 所示。

　　（3）在 Word 操作环境下，按【Ctrl+N】组合键，可直接创建一个空白 Word 文档。

　　（4）右击桌面空白处，在弹出的快捷菜单中依次选择【新建】→【Microsoft Word 文档】命令，可在桌面上创建一个名为【新建Microsoft Word 文档】的文档，双击打开该文档，即可直接进入空白文档的操作界面，如图 13-3 所示。

图 13-1　选择【空白文档】选项　　　图 13-2　选择【新建】命令　　　　图 13-3　选择
　　　　　　　　　　　　　　　　　　　　　　　　　　　　　　　　　　【Microsoft Word 文档】命令

13.1.2 保存文档

　　编辑完文档内容后，为了防止所编辑的文档内容丢失，需要将文档进行保存，Word 2021 提供了多种保存文档的方式和格式，用户可以根据文档的不同用途来选择。下面介绍最常用的文档保存方式，具体操作步骤如下。

　　步骤 01　单击快速访问工具栏中的【保存】按钮，或者切换到【文件】选项卡，选择左侧窗格中的【保存】选项，如图 13-4 所示。

步骤 02 此时将默认切换到【另存为】选项卡，选择下方的【浏览】选项，如图 13-5 所示。

图 13-4　单击【保存】按钮　　　　　　　图 13-5　选择【浏览】选项

步骤 03 弹出【另存为】对话框，设置好保存位置、文件名和保存类型后单击【保存】按钮即可保存文档，如图 13-6 所示。

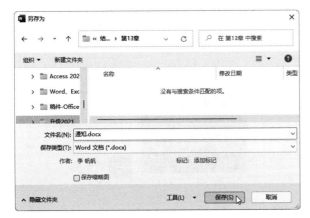

图 13-6　设置保存参数

技能拓展　在【另存为】对话框的【保存类型】下拉列表中，若选择【Word 97-2003 文档】选项，可将 Word 2021 制作的文档保存为 Word 97-2003 兼容模式，从而可通过早期版本的 Word 程序打开并编辑该文档。

13.1.3　打开文档

若要打开以前保存的文档进行编辑，可以先进入该文档的保存路径，再双击该文档图标将其打开。此外，还可通过【打开】命令打开文档，具体操作步骤如下。

步骤 01 在 Word 窗口中切换到【文件】选项卡，在左侧窗格中选择【打开】命令，右侧窗格中将默认显示最近使用的文档，若没有要打开的文档，可在中间窗格选择需要的选项，如选择【浏览】选项，如图 13-7 所示。

步骤 02 弹出【打开】对话框，找到并选择要打开的文档，单击【打开】按钮即可，如图 13-8 所示。

图 13-7　选择【浏览】选项

图 13-8　选择文档

■ 课堂范例——使用模板创建文档

使用模板创建文档的具体操作步骤如下。

步骤 01　启动 Word 2021，在打开窗口的右侧可看到程序自带的模板缩略图，选择需要的模板，如图 13-9 所示。

步骤 02　在打开的窗口中可放大显示该模板，若符合需要，单击【创建】按钮即可根据模板创建文档，如图 13-10 所示。

图 13-9　选择模板

图 13-10　根据模板创建文档

13.2　输入和编辑文档

新建文档后，就可以在其中输入内容了，输入完成后，如果对文档的内容不满意，还可以对其进行删除、复制、粘贴等编辑操作，十分方便。

13.2.1　输入文档内容

掌握了 Word 2021 文档的基本操作后，就可以在其中输入内容了，相关操作包括定位光标、输入文本内容及删除文本等。

1. 定位光标

启动 Word 2021 后，在编辑区中不停闪烁的"┃"为光标，光标所在位置是输入文本的位置。在文档中输入文本前，需要先定位好光标，方法主要有两种：一种是通过鼠标定位，另一种是通过键盘定位。

通过鼠标定位分为以下两种情况。

（1）在空白文档中定位光标：在空白文档中，光标就在文档的开始处，此时可直接输入文本。

（2）在已有文本的文档中定位光标：若文档中已有部分文本，当需要在某一具体位置输入文本时，可将鼠标指针指向该处，当鼠标指针呈"Ⅰ"形状时，单击鼠标左键即可。

通过键盘定位有以下几种方式。

（1）按键盘方向键（↑、↓、←或→），光标会向相应的方向移动。

（2）按【End】键，光标向右移动至当前行行末；按【Home】键，光标向左移动至当前行行首。

（3）按【Ctrl+Home】组合键，光标可移至文档开头；按【Ctrl+End】组合键，光标可移至文档末尾。

（4）按【Page Up】键，光标向上移动一页；按【Page Down】键，光标向下移动一页。

2. 输入文本内容

定位好光标后，切换到自己惯用的输入法，然后输入相应的文本内容即可。在输入文本的过程中，光标会自动向右移动。当一行文本输入完毕后，光标会自动转到下一行。在没有输满一行文本的情况下，若需要开始新的段落，可按【Enter】键进行换行，同时上一段的段末会出现段落标记"↵"，如图 13-11 所示。

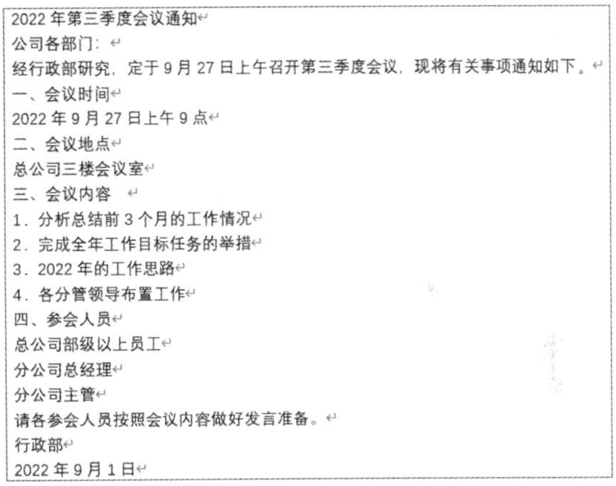

| 2022 年第三季度会议通知↵ |
| 公司各部门：↵ |
| 经行政部研究，定于 9 月 27 日上午召开第三季度会议，现将有关事项通知如下。↵ |
| 一、会议时间↵ |
| 2022 年 9 月 27 日上午 9 点↵ |
| 二、会议地点↵ |
| 总公司三楼会议室↵ |
| 三、会议内容↵ |
| 1．分析总结前 3 个月的工作情况↵ |
| 2．完成全年工作目标任务的举措↵ |
| 3．2022 年的工作思路↵ |
| 4．各分管领导布置工作↵ |
| 四、参会人员↵ |
| 总公司部级以上员工↵ |
| 分公司总经理↵ |
| 分公司主管↵ |
| 请各参会人员按照会议内容做好发言准备。↵ |
| 行政部↵ |
| 2022 年 9 月 1 日↵ |

图 13-11　输入文本

3. 删除文本

当输入了错误或多余的内容时，可通过以下几种方法将其删除。

（1）按【Backspace】键，可删除光标前的一个字符。

（2）按【Delete】键，可删除光标后的一个字符。

（3）按【Ctrl+Backspace】组合键，可删除光标前的一个单词或短语。

（4）按【Ctrl+Delete】组合键，可删除光标后的一个单词或短语。

13.2.2 选择文档内容

在对文档内容进行编辑之前，需要先选中要编辑的内容，也就是指明要对哪些内容进行编辑，文档中被选中的文本会显示蓝色阴影。在 Word 2021 中，选择文档内容分为多种情况，下面介绍几种常见的选择方法。

（1）选择一个单词或词组：双击鼠标左键。

（2）选择一句话：按住【Ctrl】键，单击鼠标左键。

（3）选择一段内容：将鼠标指针指向段落中，快速单击鼠标左键3次。

（4）纵向选择文本：按住【Alt】键的同时按住鼠标左键拖曳。

（5）选择整篇文档：按【Ctrl+A】组合键。

（6）选择不连续的内容：先选择一部分内容后按住【Ctrl】键，再选择其他内容。

（7）鼠标拖曳精确选择：将鼠标指针指向起点位置，按住鼠标左键进行拖曳，拖曳至结束点位置释放鼠标左键即可；或先将光标定位在要选择文档内容范围的最前端，然后按住【Shift】键，再单击要选择范围的末端，这种方法适合选择超过一页的长篇文档。

（8）将鼠标指针移动到文档内容左侧的空白区域，这个区域称为选取栏，当鼠标指针变为"⤢"形状时，在选取栏拖曳鼠标选择内容。

13.2.3 移动与复制文本

在编辑文档的过程中，可以使用移动、复制等方法加快文本的编辑速度，提高编写效率。在文档中，可以进行移动与复制的对象有字、词、段落、表格和图片等。

1. 移动文档内容

移动文档内容是指将文档中的内容从一个位置移动到另一个位置，原来位置上的内容将消失。在输入文档内容时，如果输入的内容需要调整位置，可以利用【移动】功能将其移动到正确的位置，具体操作步骤如下。

步骤 01　选中要移动的文本，单击【开始】选项卡【剪贴板】组中的【剪切】按钮，如图13-12所示。

步骤 02　在目标位置单击定位光标，然后单击【剪贴板】组中的【粘贴】按钮，即可将选中的内容移动到目标位置，如图13-13所示。

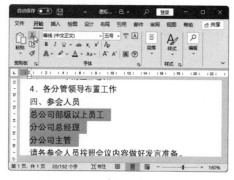

图13-12　单击【剪切】按钮

图13-13　单击【粘贴】按钮

技能拓展

在进行粘贴操作时，如果单击【粘贴】按钮下方的三角按钮，还可打开菜单选择粘贴的方式，如保留源格式、合并格式和只保留文本等。其中【保留源格式】选项是指按照文本原有格式粘贴；【合并格式】是指将文本原有格式与当前位置的格式进行合并;【只保留文本】是指将要粘贴的文本不保留原有格式,按照当前位置的格式进行粘贴。

2.复制文档内容

复制文档内容是将原位置的内容复制到目标位置后,原位置的内容仍然保留。在编辑文档时,如果有相同内容需要输入,可以利用【复制】功能,将已输入的内容复制并粘贴,从而节约编辑时间,加快输入速度,具体操作步骤如下。

步骤 01　选中要复制的文本,然后单击【开始】选项卡【剪贴板】组中的【复制】按钮，如图 13-14 所示。

步骤 02　在目标位置单击定位光标,然后单击【剪贴板】组中的【粘贴】按钮,即可将选中的内容复制到目标位置,如图 13-15 所示。

图 13-14　单击【复制】按钮

图 13-15　单击【粘贴】按钮

课堂范例——替换文档内容

替换文档内容的具体操作步骤如下。

步骤 01　打开文档,单击【开始】选项卡【编辑】组中的【替换】按钮,如图 13-16 所示。

步骤 02　弹出【查找和替换】对话框,在【查找内容】文本框中输入要查找的文本,在【替换为】文本框中输入要替换的文本,完成后单击【全部替换】按钮,如图 13-17 所示。

步骤 03　此时 Word 将自动扫描整篇文档,并弹出一个提示对话框,提示已经完成对文档的替换,单击【确定】按钮,即可完成文档内容的替换,如图 13-18 所示。

图 13-16　单击【替换】按钮

图 13-17　单击【全部替换】按钮

图 13-18　单击【确定】按钮

13.3 美化文档

在文档中输入内容后，可对其设置相应格式，如字符格式、段落格式和添加项目符号等，设置完成后的文档看起来错落有致，不仅方便阅读，还能起到美化文档的作用。

13.3.1 设置文字格式

默认情况下，在新建的文档中输入文本时，文字为正文文本的格式，也就是等线、五号。设置字体主要包括设置文字的字体、字号、字形和字体颜色等。用户可以根据具体情况，合理设置文字格式。

1. 设置字体

字体是指文字的外观样式，包括中文字体和西文字体。Windows操作系统自带了一些中文字体和西文字体，可以编辑一些标准文档。如果要编辑样式复杂的文档，也可以根据需要在系统中安装其他字体。例如，将文档中的标题文本设置为【黑体】，具体操作步骤如下。

选择文档中的标题文本，单击【开始】选项卡【字体】组中【字体】框右侧的下拉按钮，在弹出的下拉列表中可看到各种字体，选择目标字体【黑体】选项，如图 13-19 所示，操作完成后即可将文档的标题字体设置为【黑体】，如图 13-20 所示。

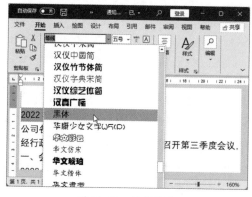

图 13-19 选择字体

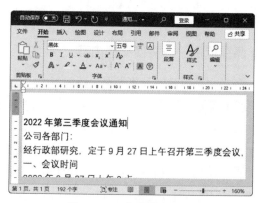

图 13-20 查看字体效果

2. 设置字号

字号指的是文档中文字的大小，Word默认字号为五号。Word支持两种字号表示方法，一种是用中文标准表示，如初号、一号、二号等；另一种是用国际通用的"磅"来表示，磅值越大，文本的尺寸就越大。例如，将文档中的标题字号设置为【二号】，具体操作步骤如下。

选择文档中的标题文本，单击【开始】选项卡【字体】组中【字号】框右侧的下拉按钮，在弹出的下拉列表中选择目标字号【二号】选项，如图 13-21 所示，操作完成后即可将标题字号设置为【二号】，如图 13-22 所示。

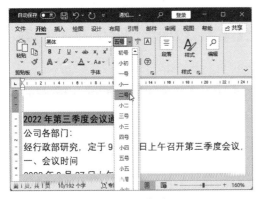

图 13-21 选择字号

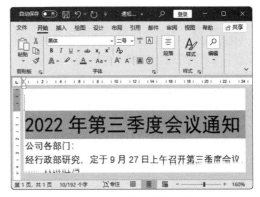

图 13-22 查看字号效果

3. 设置字体颜色

Word 默认的字体颜色为黑色。在报刊、宣传文章等趣味型的文档中常常需要通过设置文字的颜色来美化文档和突出文档重点。例如，将标题文本的颜色设置为【蓝色】，具体操作步骤如下。

选择文档中的标题文本，单击【开始】选项卡【字体】组中【字体颜色】下拉按钮 A·，在弹出的颜色列表中选择需要的字体颜色，如图 13-23 所示。操作完成后即可成功设置字体颜色，如图 13-24 所示。

图 13-23 选择字体颜色

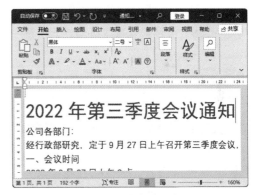

图 13-24 查看字体颜色效果

13.3.2 设置段落格式

一般来说，一篇文档由多个段落组成，每个段落都可以设置不同的段落格式。

段落格式是指段落的对齐方式、缩进方式、段间距、行间距等，通过设置段落格式，可以使文档的层次分明、结构突出，更便于阅读。

1. 设置对齐方式

默认情况下，Word 采用的是两端对齐方式，用户可以根据实际需要为段落设置对齐方式。例如，将文档中的标题设置为【居中】，落款和日期设置为【右对齐】，具体操作步骤如下。

步骤01 选中文档中的标题文本，在【段落】组中单击【居中】按钮 三，即可将标题文本设置为【居中】，如图 13-25 所示。

步骤 02　选中文档中的落款和日期，在【段落】组中单击【右对齐】按钮≡，即可将落款和日期设置为【右对齐】，如图 13-26 所示。

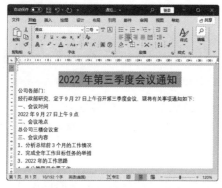

图 13-25　单击【居中】按钮

图 13-26　单击【右对齐】按钮

2. 设置段落缩进方式

段落缩进是指段落相对左右页边距向页内缩进一段距离，段落缩进分为首行缩进、左缩进、右缩进和悬挂缩进。通过设置段落缩进，可以快速找到段落的起始位置。例如，将文档中的段落设置为首行缩进 2 字符，具体操作步骤如下。

步骤 01　选择要设置段落缩进的段落，单击【段落】组中的【段落设置】按钮 ⌐，如图 13-27 所示。

步骤 02　打开【段落】对话框，在【特殊】下拉列表中选择【首行】选项，缩进值会自动设置为【2 字符】，单击【确定】按钮即可，如图 13-28 所示。

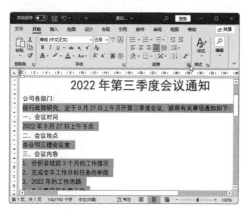

图 13-27　单击【段落设置】按钮

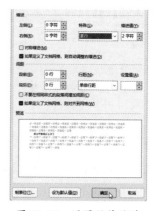

图 13-28　设置段落缩进

13.3.3　设置页眉和页脚

页眉是每个页面的顶部区域，通常显示书名、章节等信息；页脚是每个页面的底部区域，通常显示文档的页码等信息。对页眉和页脚进行编辑，可起到美化文档的作用，为文档设置页眉和页脚的具体操作步骤如下。

步骤 01　切换到【插入】选项卡，单击【页眉和页脚】组中的【页眉】下拉按钮，然后在弹出的下拉列表中选择页眉样式，如图 13-29 所示。

步骤 02　所选样式的页眉将添加到页面顶端，同时文档自动进入页眉编辑区，单击占位符可输入页眉内容，如图 13-30 所示。

图 13-29　选择页眉样式

图 13-30　输入页眉内容

步骤 03　此时页脚为空白样式，可在【页眉和页脚】选项卡的【页眉和页脚】组中单击【页脚】下拉按钮，然后在弹出的下拉列表中选择需要的页脚样式，如图 13-31 所示。

步骤 04　确定页脚样式后，在其中输入需要的页脚内容并设置好相关格式即可，如图 13-32 所示。

图 13-31　选择页脚样式

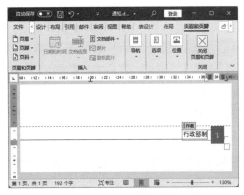

图 13-32　设置页脚

📖 课堂范例——添加项目符号

添加项目符号的具体操作步骤如下。

步骤 01　选中需要添加项目符号的段落，在【开始】选项卡的【段落】组中单击【项目符号】下拉按钮 ≔·，在弹出的下拉列表中选择需要的项目符号，如图 13-33 所示。

步骤 02　操作完成后，即可将所选项目符号应用到所选段落，如图 13-34 所示。

图 13-33　单击【项目符号】下拉按钮

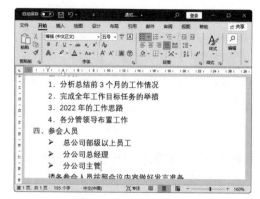

图 13-34　查看添加项目符号的效果

13.4 在文档中插入图片

对文档进行排版时，仅会设置文字格式是远远不够的。如果要制作一篇精美的文档，还需要在文档中插入图片、艺术字和自选图形等对象，从而实现图文混排，达到赏心悦目的效果。

13.4.1 插入图片

如果有需要，可以在文档中插入电脑中收藏的图片，以配合文档内容或美化文档。插入图片之后，还可以根据需要美化图片，并设置图文混排。

1. 插入图片

在文档中插入图片的具体操作步骤如下。

步骤 01　打开"素材文件\第 13 章\产品说明书.docx"，将光标定位在需要插入图片的位置，切换到【插入】选项卡，然后单击【插图】组中的【图片】下拉按钮，在弹出的下拉菜单中选择【图片】命令，如图 13-35 所示。

步骤 02　在弹出的【插入图片】对话框中选择需要插入的图片，然后单击【插入】按钮即可，如图 13-36 所示。

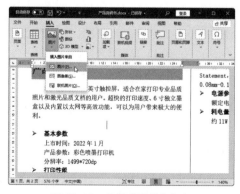

图 13-35　选择【图片】命令

图 13-36　选择图片

步骤 03　图片插入文档中后，选中图片，将鼠标指针移动到图片周围的控制点上，拖曳鼠标指针调整图片大小，如图 13-37 所示。

步骤 04　保持图片的选中状态，在【图片格式】选项卡的【图片样式】组中单击【快速样式】下拉按钮，在弹出的下拉列表中选择一种图片样式即可，如图 13-38 所示。

图 13-37　调整图片大小

图 13-38　选择图片样式

2. 设置图片环绕方式

要想实现文档的图文并茂，就必须掌握图片在文档中的环绕方式。图片的环绕方式是指文字在图片周围的排列格式，设置图片环绕方式的方法主要有以下两种。

（1）在图片上右击，在弹出的快捷菜单中选择【环绕文字】命令，在其扩展菜单中即可设置图片的环绕方式，如图 13-39 所示。

（2）选中图片，然后单击【图片格式】选项卡【排列】组中的【环绕文字】下拉按钮，在弹出的下拉菜单中选择图片的环绕方式，如图 13-40 所示。

图 13-39　设置图片环绕方式

图 13-40　单击【环绕文字】下拉按钮

这里只介绍【嵌入型】和【四周型】两种最常用的环绕方式，其他环绕方式读者可依次试验。

（1）嵌入型。嵌入型是默认的图片环绕方式。嵌入型图片相当于一个字符插入文本中，图片和文字处于一行。嵌入型图片不能随意拖曳，只能通过剪切来移动，如图 13-41 所示。

（2）四周型。顾名思义，四周型环绕方式即文字紧密排列在图片四周，图片可以随意拖曳，周边的文字将自动排列以适应图片，如图 13-42 所示。

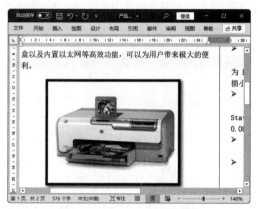

图 13-41　【嵌入型】环绕方式

图 13-42　【四周型】环绕方式

13.4.2　插入与编辑艺术字

艺术字是具有特殊效果的文字，用来输入和编辑带有彩色、阴影和发光等效果的文字，多用于广告宣传、文档标题，以实现强烈、醒目的外观效果。

1. 插入艺术字

如果要在文档中插入艺术字，具体操作步骤如下。

步骤 01　切换到【插入】选项卡，单击【文本】→【艺术字】下拉按钮，然后在弹出的下拉列表中选择需要的艺术字样式，如图 13-43 所示。

步骤 02　文档中将出现一个艺术字文本框，占位符【请在此放置您的文字】为选中状态，此时可直接输入艺术字内容，或者将原本的内容删除后再输入需要的文字，如图 13-44 所示。

图 13-43　单击【艺术字】按钮

图 13-44　输入艺术字

步骤 03　切换到【开始】选项卡，单击【字体】组中的【字号】下拉按钮，然后在弹出的下拉列表中选择需要的字号，如图 13-45 所示。

步骤 04 将鼠标指针指向艺术字，当鼠标指针呈"⁺⁺₈"形状时，按住鼠标左键并拖曳鼠标，即可调整艺术字的位置，如图 13-46 所示。

图 13-45 选择字号

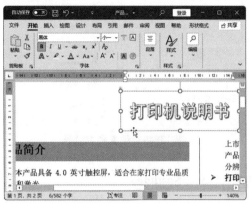

图 13-46 调整艺术字的位置

2. 编辑艺术字

在文档中插入艺术字后，可通过【形状格式】选项卡中的功能美化艺术字，具体操作步骤如下。

步骤 01 选中艺术字，单击【形状格式】选项卡【艺术字样式】组中的【文本填充】下拉按钮 ，在弹出的下拉列表中选择一种填充颜色，如图 13-47 所示。

步骤 02 选中艺术字，单击【形状格式】选项卡【艺术字样式】组中的【文本轮廓】下拉按钮 ，在弹出的下拉列表中选择一种轮廓颜色，如图 13-48 所示。

图 13-47 设置文本填充

图 13-48 设置文本轮廓

步骤 03 选中艺术字，单击【形状格式】选项卡【艺术字样式】组中的【文本效果】下拉按钮 ，在弹出的下拉列表中选择一种文本效果，如选择【转换】选项，在弹出的扩展菜单中选择一种转换样式，如图 13-49 所示。

步骤 04 设置完成后，效果如图 13-50 所示。

图 13-49　设置文本效果

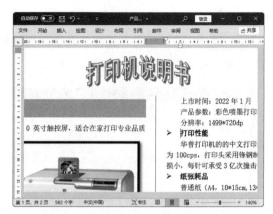

图 13-50　查看艺术字效果

13.4.3　绘制形状

通过 Word 2021 提供的绘制形状功能，可在文档中绘制出各种样式的形状，如线条、矩形、心形和旗帜等，具体操作步骤如下。

步骤 01　切换到【插入】选项卡，然后单击【插图】组中的【形状】下拉按钮，在弹出的下拉列表中选择需要的绘图工具，如图 13-51 所示。

步骤 02　此时鼠标指针呈"+"形状，在需要插入自选形状的位置按住鼠标左键，然后拖曳鼠标进行绘制，当绘制到合适大小时释放鼠标左键，如图 13-52 所示。

图 13-51　选择绘图工具

图 13-52　绘制形状

技能拓展

单击【插图】组中的【形状】下拉按钮，在弹出的下拉列表中右击某个绘图工具，在弹出的快捷菜单中单击【锁定绘图模式】命令，可连续使用该绘图工具进行绘制。当需要退出绘图模式时，按【Esc】键即可。

步骤 03　选中形状，在【形状格式】选项卡的【形状样式】组中选择一种样式，如图 13-53 所示。

步骤 04　单击【形状格式】选项卡【形状样式】组中的【形状效果】下拉按钮，在弹出的下拉列表中选择【阴影】选项，在弹出的扩展菜单中选择一种阴影效果即可，如图 13-54 所示。

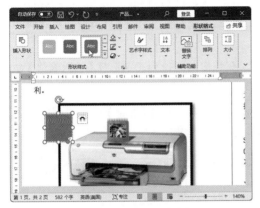
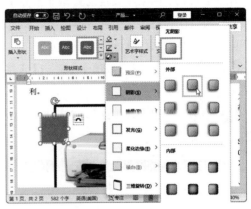

图 13-53　设置形状样式　　　　　　　　图 13-54　选择【阴影】选项

课堂范例——组合形状

组合形状的具体操作步骤如下。

步骤 01　按住【Ctrl】键依次选中需要组合的多个形状，并在形状上右击，在弹出的快捷菜单中选择【组合】选项，在弹出的扩展菜单中选择【组合】命令，如图 13-55 所示。

步骤 02　操作完成后，即可将所选形状组合成一个形状，如图 13-56 所示。

图 13-55　选择【组合】命令　　　　　　图 13-56　查看组合形状效果

13.5　在文档中插入表格

当需要处理一些简单的数据信息时，如课程表、简历表、通讯录和考勤表等，可在 Word 中通过插入表格的方式来完成。

13.5.1　插入表格

在 Word 2021 中创建表格的方法非常简单，既可以通过【插入表格】对话框定制表格的行数与列数，也可以在表格菜单中直接拖曳出需要的表格。下面以通过【插入表格】对话框创建表格为例，介绍创建表格的方法，具体操作步骤如下。

步骤 01　在【插入】选项卡中单击【表格】按钮，在弹出的下拉列表中选择【插入表格】命令，如图 13-57 所示。

步骤 02　弹出【插入表格】对话框，分别设置列数和行数，单击【确定】按钮即可插入表格，如图 13-58 所示。

图 13-57　选择【插入表格】命令　　　　　图 13-58　设置列数和行数

步骤 03　将光标定位到表格的单元格中，依次在表格的单元格中输入数据即可，如图 13-59 所示。

图 13-59　在表格中输入数据

> **温馨提示**
>
> 除了使用上述方法创建表格，用户还可以使用拖曳的方法，快速创建标准表格。在【插入】选项卡中，单击【表格】下拉按钮，此时弹出的下拉列表中会显示许多方格，将鼠标指针移动到相应的方格上单击，即可创建相应行数和列数的表格。

13.5.2　编辑表格

编辑表格的主要操作包括选择表格内容，调整行高与列宽和插入与删除行、列等。下面分别进行介绍。

1.选择表格内容

对表格进行选择一般有 5 种情况，即选择单元格、选择整行、选择整列、选择多个单元格和选择整个表格。

（1）选择单元格：单击需要选择的单元格即可选中。

（2）选择整行：将鼠标指针移至所需行左端，当鼠标指针变为"∕"形状时单击即可。

（3）选择整列：将鼠标指针移至所需列上端，当鼠标指针变为"↓"形状时单击即可。

（4）选择多个单元格：单击起始单元格，然后拖曳鼠标即可。

（5）选择整个表格：将鼠标指针指向表格范围时，表格的左上角将会出现选择表格工具按钮⊞，单击该按钮，即可选择整个表格。

2. 调整行高与列宽

创建表格后，可通过下面的方法调整行高与列宽。

（1）调整行高：将鼠标指针指向行与行之间，待鼠标指针呈"÷"形状时，按住鼠标左键并拖曳，表格中将出现虚线，当虚线到达合适位置时释放鼠标左键即可，如图 13-60 所示。

（2）调整列宽：将鼠标指针指向列与列之间，待鼠标指针呈"╫"形状时，按住鼠标左键并拖曳，当出现的虚线到达合适位置时释放鼠标左键即可，如图 13-61 所示。

图 13-60 调整行高   图 13-61 调整列宽

3. 插入行、列

如果在制作表格的过程中，发现创建的表格行数或列数不足，可在表格中插入新的行或列。下面以在表格中插入新行为例进行介绍，具体操作步骤如下。

步骤 01   在表格中单击，将光标定位到相应位置，然后单击【布局】选项卡【行和列】组中的【在下方插入】按钮，如图 13-62 所示。

步骤 02   此时会在当前行下方插入一行，直接在新行中输入文本内容即可，如图 13-63 所示。

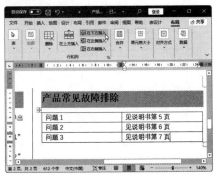 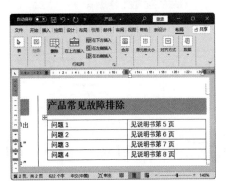

图 13-62 单击【在下方插入】按钮   图 13-63 插入新行

4.删除行、列

如果在制作表格的过程中，产生了多余的行或列，也可将它们删除，具体操作步骤如下。

在表格中单击，将光标定位到相应位置，然后单击【布局】选项卡中的【删除】按钮，在弹出的下拉菜单中选择【删除行】或【删除列】命令即可，如图13-64所示。

图 13-64 删除行、列

温馨提示 当删除表格中的行、列时，不能通过按【Delete】键来删除，因为按【Delete】键只能删除行或列中的内容，而不能删除表格。如果要删除整个表格，可以先选中整个表格，然后在【开始】选项卡中单击【剪切】按钮。

📖 课堂范例——设置表格的边框和底纹

设置表格的边框和底纹的具体操作步骤如下。

步骤 01 将光标定位到要设置边框和底纹的表格中，在【段落】组中单击【边框】按钮右侧的下拉按钮 ⊞·，在弹出的下拉菜单中选择【边框和底纹】命令，如图13-65所示。

步骤 02 弹出【边框和底纹】对话框，在【边框】选项卡中设置边框的样式、颜色和宽度等参数，如图13-66所示。

图 13-65 选择【边框和底纹】命令

图 13-66 设置边框的各项参数

步骤 03 切换到【底纹】选项卡，在【填充】下拉列表中选择一种填充颜色，完成后单击【确定】按钮，如图13-67所示。

步骤 04 返回文档即可查看设置边框和底纹后的效果，如图13-68所示。

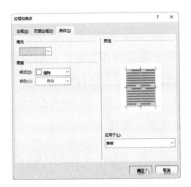

图 13-67　设置底纹

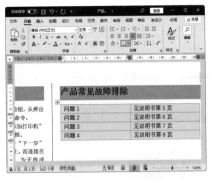

图 13-68　查看设置边框和底纹后的效果

13.6　页面设置与打印

编排完文档后，可以根据需要将文档打印出来。在打印文档之前，还需要对页面进行设置。设置完毕后，可以对文档进行打印预览。如果对预览效果不满意，可以对文档进行修改；如果对预览效果满意，就可以直接打印文档。

13.6.1　文档的页面设置

文档的页面设置是文档打印输出前的必要工作，页面设置包括设置页边距、纸张方向、纸张大小等。

（1）页边距：是指文档内容与页面边沿之间的距离，用于控制页面中文档内容的宽度和长度。单击【布局】选项卡【页面设置】组中的【页边距】下拉按钮，可在弹出的下拉列表中设置页边距大小，如图 13-69 所示。

（2）纸张方向：默认情况下，纸张的方向为【纵向】。若要更改其方向，可单击【布局】选项卡【页面设置】组中的【纸张方向】下拉按钮，在弹出的下拉列表中进行选择，如图 13-70 所示。

（3）纸张大小：默认情况下，纸张的大小为【A4】。若要更改其大小，可单击【布局】选项卡【页面设置】组中的【纸张大小】下拉按钮，在弹出的下拉列表中进行选择，如图 13-71 所示。

图 13-69　设置页边距

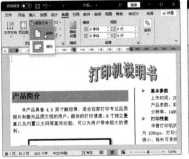

图 13-70　设置纸张方向

图 13-71　设置纸张大小

13.6.2 打印文档

制作好文档后，就可以进行打印了，不过在打印之前还需要进行打印预览。打印预览是指在屏幕上预览打印的效果，如果对文档中的某些地方不满意，可返回编辑状态进行修改。

对文档进行打印预览的具体操作步骤为：打开需要打印的 Word 文档，切换到【文件】选项卡，选择左侧窗格中的【打印】选项，在右侧窗格中即可预览打印效果，如图 13-72 所示。

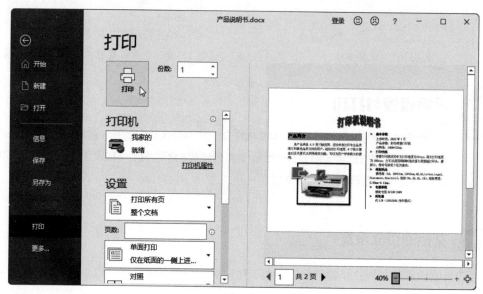

图 13-72 对文档进行打印预览

对文档进行预览时，可通过右侧窗格下端的相关按钮查看预览内容。

（1）在右侧窗格的左下角，单击【上一页】按钮可预览上一页的效果，单击【下一页】按钮可预览下一页的效果，在两个按钮之间的文本框中输入页码数字，然后按【Enter】键，可快速预览该页的效果。

（2）在右侧窗格的右下角，通过显示比例调节工具可调整预览效果的显示比例，以便清楚地预览文档的打印效果。

📇 课堂范例——打印文档的部分内容

在打印文档时，如果不需要打印所有页面，可以设置只打印文档的部分内容，操作方法如下。

步骤 01 切换到【文件】选项卡，然后选择左侧窗格中的【打印】选项。

步骤 02 在中间窗格中单击【打印所有页】下拉按钮，在弹出的下拉菜单中可以设置打印范围，如图 13-73 所示。

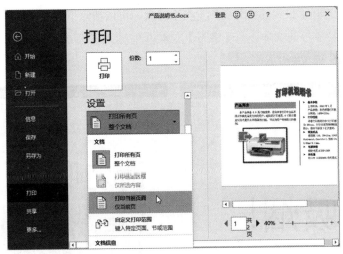

图 13-73 设置打印范围

课堂问答

问题1：如何为文档设置密码？

答：对于一些涉及机密或隐私的文档，可以设置密码，防止别人查看或使用。为文档设置密码的具体操作步骤如下。

步骤01 在【文件】选项卡左侧窗格中选择【信息】选项，在中间窗格中单击【保护文档】下拉按钮，在弹出的下拉列表中选择【用密码进行加密】命令，如图 13-74 所示。

步骤02 弹出【加密文档】对话框，在【密码】文本框中输入密码，然后单击【确定】按钮，如图 13-75 所示。

步骤03 弹出【确认密码】对话框，在【重新输入密码】文本框中再次输入密码，完成后单击【确定】按钮即可，如图 13-76 所示。

图 13-74 选择【用密码进行加密】命令

图 13-75 输入密码

图 13-76 确认密码

问题2：如何设置更大的字号？

答：在【字号】下拉列表中，最大的字号为【72】磅，如图 13-77 所示。当制作标识、房屋出租告示等文档时，如果选择了最大的字号仍然觉得不够大，可以按照下面的操作步骤设置更大的字号。

选中要设置更大字号的文本，在【字号】文本框中输入需要的字号磅值（1~1638），然后按【Enter】键即可，如图 13-78 所示。

图 13-77　字号为【72】磅

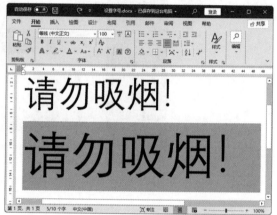

图 13-78　输入需要的字号磅值

📷 上机实战——制作放假通知

为了巩固本章知识点，下面讲解制作放假通知的操作步骤，使读者对本章的知识有更深入的了解。

效果展示

2023 年春节放假通知

各位同事：

　　根据国家相关规定，现将春节放假时间通知如下。

　　2023 年 1 月 20 日正常上班，1 月 21 日至 1 月 27 日放假，1 月 28 日恢复上班。如因出游原因不能按时到岗，联系总经理办公室请事假。

　　总经办电话：1888888XXXX。

总经理办公室
2023 年 1 月 15 日

思路分析

通知是日常工作中最常用的文档，制作通知文档的操作方法非常简单，熟悉通知的制作过程，可以大大提高工作效率。

本例首先新建一个 Word 文档，输入通知内容后再设置文档的字体格式和段落格式，达到最终效果。

制作步骤

步骤 01 单击【开始】按钮▦，在弹出的开始屏幕中单击【Word】程序图标，如图 13-79 所示。

步骤 02　在打开的 Word 程序中选择【空白文档】选项，如图 13-80 所示。

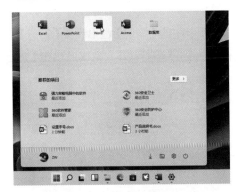

图 13-79　单击【Word】程序图标

图 13-80　选择【空白文档】选项

步骤 03　新建一个名为【文档 1】的空白文档，单击【保存】按钮圕，如图 13-81 所示。

步骤 04　打开【文件】菜单并自动切换到【另存为】选项卡，单击【浏览】选项，如图 13-82 所示。

图 13-81　单击【保存】按钮

图 13-82　单击【浏览】选项

步骤 05　打开【另存为】对话框，设置保存位置和文件名，然后单击【保存】按钮，如图 13-83 所示。

步骤 06　在文档编辑区输入通知内容，然后选中标题段落，在【开始】选项卡的【字体】组中设置字体和字号，在【段落】组中单击【居中】按钮≡，如图 13-84 所示。

图 13-83　设置保存参数

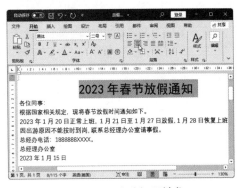

图 13-84　设置标题样式

步骤 07　选中除称谓和落款之外的其他段落，单击【开始】选项卡【段落】组中的【段落设置】
按钮 ，如图 13-85 所示。

步骤 08　打开【段落】对话框，在【缩进和间距】选项卡中的【缩进】栏中设置【特殊】为【首
行】，【缩进值】默认为【2 字符】；在【间距】栏中设置行距为【1.5 倍行距】，完成后单击【确定】按
钮，如图 13-86 所示。

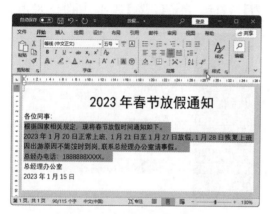

图 13-85　单击【段落设置】按钮

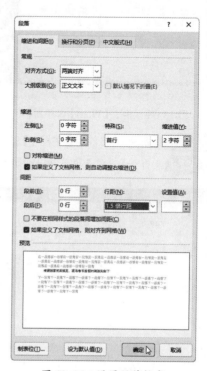

图 13-86　设置段落格式

步骤 09　选中落款段落，然后单击【开始】选项卡【段落】组中的【右对齐】按钮 ，如图 13-87
所示。

步骤 10　制作完成后，最终效果如图 13-88 所示。

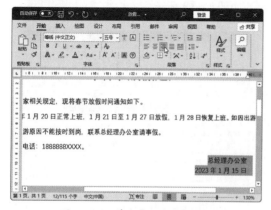

图 13-87　单击【右对齐】按钮

图 13-88　最终效果

同步训练——制作通讯录

为了增强读者的动手能力，下面安排一个同步训练案例，让读者达到举一反三、触类旁通的学习效果。

效果展示

员工通讯录

部门	姓名	电话
行政部	周云大	1899999XXXX
销售部	王思跃	1358888XXXX
销售部	李光华	1369999XXXX
市场部	明晓敏	1567777XXXX

思路分析

通讯录是办公室必不可少的办公文件，在制作通讯录时，可以通过插入表格来完成。

本例首先插入表格，并设置表格的字体和字号，然后设置表格样式美化表格，完成通讯录的制作。

关键步骤

步骤 01 新建一个名为【通讯录】的 Word 文档，输入标题文本，在【开始】选项卡的【字体】组中设置字体格式为【黑体，二号，居中】，如图 13-89 所示。

步骤 02 按【Enter】键将光标定位到下一行，单击【插入】选项卡【表格】组中的【表格】下拉按钮，在弹出的下拉列表中选择【插入表格】命令，如图 13-90 所示。

步骤 03 打开【插入表格】对话框，分别设置列数和行数，然后单击【确定】按钮，如图 13-91 所示。

图 13-89 设置标题样式　　图 13-90 选择【插入表格】命令　　图 13-91 设置表格尺寸

步骤 04 选中整个表格，在【开始】选项卡的【字体】组中设置字体格式为【宋体，四号】，如图 13-92 所示。

步骤 05 将光标定位到单元格中，输入通讯录内容，如图 13-93 所示。

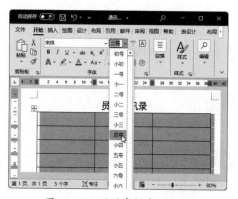

图 13-92 设置表格字体格式

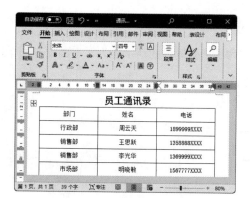

图 13-93 输入通讯录内容

步骤 06 选中整个表格，单击【表设计】选项卡【表格样式】组中的【其他】下拉按钮 ▾，在弹出的下拉列表中选择一种表格样式，如图 13-94 所示。

步骤 07 设置完成后，通讯录最终效果如图 13-95 所示。

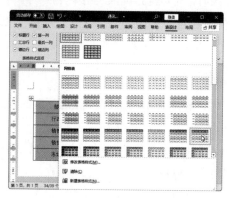

图 13-94 选择表格样式

员工通讯录

部门	姓名	电话
行政部	周云天	1899999XXXX
销售部	王思跃	1358888XXXX
销售部	李光华	1369999XXXX
市场部	明晓敏	1567777XXXX

图 13-95 通讯录最终效果

知识能力测试

本章讲解了文档的输入、美化、插入图片、插入表格和打印文档的相关操作，为对知识进行巩固和考核，布置相应的练习题。

一、填空题

1. 在通过键盘定位光标时，按_____键，光标向右移动至当前行行末；按_____键，光标向左移动至当前行行首。

2. 在通过键盘定位时，按_____键，光标向上移动一页；按_____键，光标向下移动一页。

3. 如果要调整页边距，可以单击_____选项卡_____组中的_____下拉按钮，在弹出的下拉列表中选择页边距大小。

二、选择题

1. 在 Word 文档中，默认的字号为（　　　）。

A.【四号】　　　　　　B.【大一】　　　　　　C.【五号】　　　　　　D.【初号】

2. 下列命令按钮中，（　　　）是居中按钮。

A. ▤　　　　　　B. ▤　　　　　　C. ▤　　　　　　D. ▤

3. 如果要移动图片，可以将鼠标指针移动到图片上，当鼠标指针呈（　　　）时，按住鼠标左键拖曳。

A. ▯　　　　　　B. ▯　　　　　　C. ▯　　　　　　D. ▯

三、简答题

1. 简要回答复制文本与移动文本的区别。

2. 在 Word 文档中插入图片后，为什么不能将图片拖曳到任意位置？

Windows 11+Office 2021

第14章
用Excel 2021处理与分析表格数据

    Excel 2021是专门用来制作电子表格的软件，使用它可以制作电子表格，完成许多复杂的数据运算，以及对数据进行分析处理。本章将对Excel 2021的基本操作、数据的输入和公式与函数的使用进行讲解。

学习目标

- 掌握 Excel 2021 的基本操作。
- 掌握 Excel 电子表格的创建方法。
- 了解 Excel 公式与函数的使用。
- 掌握 Excel 统计图表的使用方法。
- 掌握 Excel 数据分析的相关操作。

14.1 Excel 2021的基本操作

Excel是目前较为流行的用于财务处理、数据分析的电子表格软件。在使用Excel 2021 制作表格之前，首先要了解它的基本操作，为后面的学习打下坚实的基础。

14.1.1 创建工作簿

启动Excel 2021 时，程序为用户提供了多个选项，可以通过【最近使用的文档】选项快速打开最近使用过的工作簿，也可以通过【打开其他工作簿】选项浏览本地计算机或云共享中的其他工作簿，还可以根据需要新建工作簿。

在 Excel 2021 中，如果要新建空白工作簿，可以通过以下几种方法来实现。

（1）启动Excel 2021，在打开的程序窗口中选择右侧的【空白工作簿】选项，如图 14-1 所示。

（2）在桌面或文件夹窗口等位置的空白区域右击，在弹出的快捷菜单中选择【新建】命令，在打开的扩展菜单中单击【Microsoft Excel工作表】命令，如图 14-2 所示。

（3）在已打开的工作簿中，依次选择【文件】→【新建】命令，在中间窗格中选择【空白工作簿】选项，如图 14-3 所示。

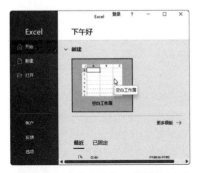　　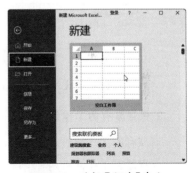

图 14-1　选择【空白工作簿】选项　　图 14-2　右键快捷菜单　　图 14-3　选择【新建】命令

14.1.2 保存工作簿

新建一个工作簿或对工作簿进行编辑之后，一般都需要将其保存，以备日后使用。在保存工作簿时，用户可以根据需要选择不同的保存方式。

1. 保存新建的工作簿

新建的工作簿需要进行保存，避免丢失工作数据进而造成损失。保存新建工作簿的具体操作步骤如下。

步骤 01　单击【快速访问工具栏】中的【保存】按钮，如图 14-4 所示。

步骤 02　自动切换到【文件】选项卡，在中间的【另存为】选项卡中，单击【浏览】选项，如

图 14-5 所示。

图 14-4 单击【保存】按钮

图 14-5 单击【浏览】选项

步骤 03 弹出【另存为】对话框，设置文档的保存位置、文件名和保存类型，然后单击【保存】按钮即可，如图 14-6 所示。

图 14-6 【另存为】对话框

温馨提示 ● 用户也可按【Ctrl+S】组合键保存工作簿。

2. 保存原有的工作簿

对原有的工作簿进行修改后，需要对其执行保存操作。

保存原有工作簿有两种情况，一种是直接保存，另一种是对其进行另存。

（1）直接保存会覆盖原来的内容，只保存修改后的内容，单击【快速访问工具栏】中的【保存】按钮即可。

（2）另存不影响原来工作簿中的内容，而是将编辑后的工作簿另行保存到电脑中。切换到【文件】选项卡，选择左侧窗格中的【另存为】命令，然后在【另存为】选项卡中参照保存新建工作簿的方法操作即可。

14.1.3 打开和关闭工作簿

打开和关闭工作簿是 Excel 2021 中最基本的操作，下面介绍其具体操作方法。

1. 打开工作簿

如果要查看或编辑已有工作簿的内容，就需要打开工作簿。常用的打开工作簿的方法主要有以下几种。

（1）在文件资源管理器窗口中，找到并双击要打开的工作簿文件。

（2）在 Excel 2021 窗口中，切换到【文件】选项卡，在左侧的窗格中选择【打开】命令，在对应的【打开】选项卡中选择【最近】选项，在右侧【最近使用的工作簿】窗格中单击要打开的工作簿。

（3）在 Excel 2021 窗口中，切换到【文件】选项卡，在左侧的窗格中选择【打开】命令，在对应的【打开】选项卡中选择【这台电脑】选项，在右侧的【这台电脑】窗格中找到想要打开的文件单击即可。

（4）在 Excel 2021 窗口中，切换到【文件】选项卡，在左侧的窗格中单击【打开】命令，在对应的【打开】选项卡中选择【浏览】选项，在弹出的【打开】对话框中找到并选中要打开的工作簿文件，然后单击【打开】按钮即可。

2. 关闭工作簿

对工作簿进行编辑并保存后，需要将其关闭以减少内存占用。在 Excel 2021 中，关闭工作簿的方法主要有以下几种。

（1）在【文件】选项卡中选择【关闭】命令。

（2）在标题栏上右击，在打开的快捷菜单中选择【关闭】命令。

（3）单击标题栏右侧的【关闭】按钮✕。

（4）按【Alt+F4】组合键。

（5）若打开了多个工作簿，执行【关闭】操作，只能关闭当前工作簿。要一次性关闭所有工作簿，可以在按住【Shift】键的同时，单击标题栏右侧的【关闭】按钮。

📖 课堂范例——自定义选项卡

自定义选项卡的具体操作步骤如下。

步骤 01 选择窗口中的【文件】选项卡，在打开的菜单中选择【选项】命令，如图 14-7 所示。

步骤 02 弹出【Excel选项】对话框，选择【自定义功能区】命令，在【自定义功能区】下方列表框中切换到【主选项卡】，进行添加、删除、重命名和排序等操作，然后单击【确定】按钮即可，如图 14-8 所示。

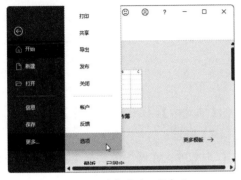

图 14-7　选择【选项】命令

图 14-8　切换到【主选项卡】

14.2 工作表的基本操作

工作表是由多个单元格组合而成的一个整体，是一个平面的二维表格。要对工作表进行基本的管理，就要学会创建和删除工作表、移动和复制工作表、重命名工作表等基础操作。

14.2.1 创建和删除工作表

在创建工作簿时，系统默认创建了名为【Sheet1】的工作表，如果有需要，用户可以自由创建和删除工作表。

1. 创建工作表

系统默认只有一个工作表，如果用户需要添加更多的工作表，可以通过以下方法来操作。

（1）在窗口下方的工作表操作栏中单击【新工作表】按钮➕，即可在系统默认表的后面新插入一个工作表，如图 14-9 所示。

（2）单击【开始】选项卡【单元格】组中的【插入】下拉按钮，在弹出的下拉菜单中选择【插入工作表】命令，如图 14-10 所示。

图 14-9　单击【新工作表】按钮

图 14-10　选择【插入工作表】命令

（3）按【Shift+F11】组合键，可以在当前工作表前插入新工作表。

（4）在按住【Shift】键的同时选中多张工作表，然后在【开始】选项卡中的【单元格】组中执行【插入】→【插入工作表】命令，可一次插入多张工作表。

2. 删除工作表

如果创建了多余的工作表，可通过以下方法删除。

（1）选中需要删除的工作表，在【开始】选项卡中的【单元格】组中单击【删除】下拉按钮，在弹出的下拉菜单中选择【删除工作表】命令即可，如图 14-11 所示。

（2）在工作簿窗口中，右击窗口下方需要删除的工作表标签，在弹出的快捷菜单中，单击【删除】命令即可，如图 14-12 所示。

图 14-11　选择【删除工作表】命令　　　　　图 14-12　单击【删除】命令

14.2.2　移动和复制工作表

移动和复制工作表是使用 Excel 管理数据时较常用的操作。工作表的移动和复制操作主要分为两种情况，即工作簿内操作与跨工作簿操作，下面分别介绍两种情况。

1. 在同一工作簿内操作

在同一个工作簿中移动和复制工作表的方法很简单，主要是通过鼠标拖曳来操作，具体操作步骤如下。

步骤 01　将鼠标指针指向要移动的工作表，将工作表标签拖曳到目标位置后释放鼠标即可，如图 14-13 所示。

步骤 02　操作完成后，即可看到工作表已经被移动到目标位置，如图 14-14 所示。

图 14-13　拖曳工作表　　　　　　　　　图 14-14　查看工作表移动效果

> **技能拓展**　如果要复制工作表，可以将鼠标指针指向要复制的工作表，在拖曳工作表的同时按住【Ctrl】键，拖曳至目标位置后释放鼠标即可。

2. 跨工作簿操作

在不同的工作簿间移动和复制工作表的方法较为复杂。例如，将【公司销售业绩】工作簿中的【数据】工作表复制到【数据分析】工作簿中，具体操作步骤如下。

步骤 01 打开"素材文件\第 14 章\公司销售业绩.xlsx、数据分析.xlsx"工作簿，在【公司销售业绩】工作簿中右击【数据】工作表标签，在弹出的快捷菜单中单击【移动或复制】命令，如图 14-15 所示。

步骤 02 弹出【移动或复制工作表】对话框，在【工作簿】下拉列表中选择【数据分析】工作簿，在【下列选定工作表之前】列表框中，选择【Sheet1】选项，并选中【建立副本】复选框，然后单击【确定】按钮即可复制工作表，如图 14-16 所示。

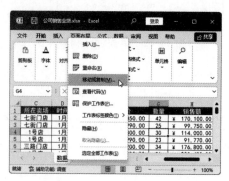

图 14-15 单击【移动或复制】命令

图 14-16 【移动或复制工作表】对话框

技能拓展 如果用户只需要跨工作簿移动工作表而不需要复制工作表，则在【移动或复制工作表】对话框中不勾选【建立副本】复选框即可。

14.2.3 重命名工作表

在默认情况下，工作表以"【Sheet1】【Sheet2】【Sheet3】……"依次命名，在实际应用中，为了区分工作表，可以根据表格名称、创建日期、表格编号等对工作表进行重命名。重命名工作表的具体操作步骤如下。

步骤 01 右击工作表标签，在弹出的快捷菜单中，单击【重命名】命令，如图 14-17 所示。

步骤 02 此时工作表标签呈可编辑状态，直接输入新的工作表名称，然后按【Enter】键即可，如图 14-18 所示。

图 14-17 单击【重命名】命令

图 14-18 输入新的工作表名称

技能
拓展
　　在Excel窗口中，双击需要重命名的工作表标签，此时工作表标签呈可编辑状态，直接输入新的工作表名称，然后按【Enter】键即可。

课堂范例——更改工作表标签颜色

更改工作表标签颜色的具体操作步骤如下。

在Excel窗口中右击需要更改颜色的工作表标签，在弹出的快捷菜单中选择【工作表标签颜色】命令，在展开的颜色面板中选择需要的颜色即可，如图 14-19 所示。

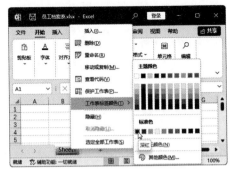

图 14-19　选择标签颜色

温馨
提示
　　如果没有合适的颜色，可以选择【其他颜色】命令，在弹出的【颜色】对话框中有更丰富的颜色，选择需要的颜色后单击【确定】按钮即可。

14.3　单元格基本操作

　　在 Excel 中，对数据的操作其实都是基于单元格来完成的。通过操作单元格，可以完成选择数据、输入数据、设置数据类型和删除数据等基本操作。

14.3.1　选择单元格

单元格是工作表最小的组成单位，要想对表格数据进行操作，首先要掌握选择单元格的方法，下面介绍不同情况下选择单元格的操作方法。

（1）选择单个单元格：将鼠标指针指向该单元格，单击即可。

（2）选择连续的多个单元格：选中需要选择的单元格区域左上角的单元格，然后按住鼠标左键，拖曳到需要选择的单元格区域右下角的单元格后，释放鼠标左键即可。

（3）选择不连续的多个单元格：按住【Ctrl】键的同时，分别单击需要选择的单元格即可。

（4）选择整行（列）：单击需要选择的行（列）序号即可。

（5）选择多个连续的行（列）：按住鼠标左键，在行（列）序号上拖曳，选择完成后，释放鼠标左键即可。

（6）选择多个不连续的行（列）：按住【Ctrl】键的同时，分别单击行（列）序号即可。

> **温馨提示**
> 在Excel中，由若干个连续的单元格构成的矩形区域称为单元格区域。单元格区域用其对角线的两个单元格来表示。例如，由A1~E9单元格组成的单元格区域用A1:E9表示。

14.3.2 输入数据

Excel中的数据输入主要包括输入文本、数字、日期和特殊符号，下面分别介绍输入方法。

1. 输入文本

文本是Excel表格中重要的数据类型，它可以用来说明表格中的其他数据。在表格中输入文本的常用方法有三种：选择单元格输入、双击单元格输入和在编辑栏中输入。

（1）选择单元格输入：选择需要输入文本的单元格，直接输入文本，完成后按【Enter】键或单击其他单元格即可。

（2）双击单元格输入：双击需要输入文本的单元格，将光标插入其中，然后在单元格中输入文本，完成后按【Enter】键或单击其他单元格即可。

（3）在编辑栏中输入：选择单元格，然后在编辑栏中输入文本，单元格中也会自动显示输入的文本，完成后按【Enter】键或单击其他单元格即可。

2. 输入数字

数字是Excel表格中最重要的数据类型。在单元格中输入普通数字的方法与输入文本的方法相似，即选择单元格，然后输入数字，完成后按【Enter】键或单击其他单元格即可。在Excel表格中输入数字时，不同的数据类型的显示方式也有所不同。为了使Excel表格正确显示出输入的数字，需要根据数据类型设置单元格的数字格式，具体操作步骤如下。

步骤 01 打开"素材文件\第14章\员工档案表.xlsx"工作簿，在需要输入数字的单元格中输入数字，然后选中单元格区域，单击【开始】选项卡【数字】组右下角的【数字格式】按钮，如图14-20所示。

步骤 02 打开【设置单元格格式】对话框，在【数字】选项卡的【分类】组中选择【货币】选项，在右侧的【小数位数】微调框中设置小数位数为【0】，在【货币符号（国家/地区）】下拉列表中选择货币符号，完成后单击【确定】按钮，如图14-21所示。

步骤 03 返回工作表即可看到所选单元格中的数字已经显示为货币数字格式，如图14-22所示。

图14-20 单击【数字格式】按钮

图 14-21　设置数字格式

图 14-22　查看数字格式

 温馨提示 选中单元格或单元格区域后，通过【开始】选项卡的【数字】组可以快速设置单元格数字格式。

3. 输入日期

如果要使输入的日期或时间以其他格式显示，如输入日期【2020/9/1】后自动显示为【2020 年 9 月 1 日】，就需要设置单元格格式。输入日期并设置日期格式的具体操作步骤如下。

步骤 01　在单元格中输入日期，选中时间单元格区域并右击，在弹出的快捷菜单中单击【设置单元格格式】命令，如图 14-23 所示。

步骤 02　弹出【设置单元格格式】对话框，在【数字】选项卡中选择【日期】选项，在【类型】列表框中选择一种日期格式，如选择【2012 年 3 月 14 日】选项，完成后单击【确定】按钮，如图 14-24 所示。

步骤 03　返回工作表，即可看到之前输入的日期自动显示为【2020 年 9 月 1 日】的格式，如图 14-25 所示。

图 14-23　单击【设置单元格格式】命令

图 14-24　设置日期格式

图 14-25　查看设置后的日期格式

4. 输入特殊符号

在制作表格时有时需要插入一些特殊符号，如#、＊和★等。这些符号有些能通过键盘输入，有些却无法在键盘上找到与之匹配的键位，此时可通过 Excel 的插入符号功能输入，具体操作步骤如下。

步骤 01　选中单元格后，单击【插入】选项卡【符号】组中的【符号】按钮，如图 14-26 所示。

步骤 02　弹出【符号】对话框，选择需要的符号，然后单击【插入】按钮即可插入符号，如图 14-27 所示。

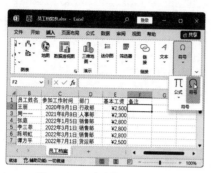

图 14-26　单击【符号】按钮

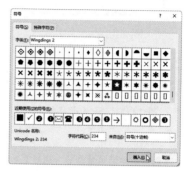

图 14-27　选择需要的符号

14.3.3　使用填充柄输入数据

使用 Excel 2021 的自动填充数据功能可以在单元格中快速填充满足一定条件的数据，如自动填充递增、递减、成比例数据等。下面以在工作表中自动填充序号为例进行介绍，具体操作步骤如下。

步骤 01　在单元格中输入有规律的数据，如【1001】【1002】，选中数据单元格，将鼠标指针移到单元格右下角的填充柄上，当鼠标指针变为"＋"形状时，按住鼠标左键，拖曳至所需位置，如图 14-28 所示。

步骤 02　释放鼠标左键，目标单元格区域中即会按规律填充数据，如图 14-29 所示。

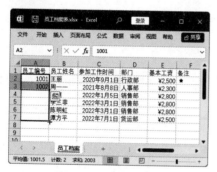

图 14-28　拖曳填充柄

图 14-29　填充数据

课堂范例——合并单元格

合并单元格的具体操作步骤如下。

步骤 01　选中要合并的单元格区域，单击【开始】选项卡【对齐方式】组中的【合并后居中】按钮，如图 14-30 所示。

步骤 02　操作完成后，即可看到所选单元格区域已经合并为一个单元格，如图 14-31 所示。

图 14-30 单击【合并后居中】按钮

图 14-31 合并完成

14.4 设置单元格格式

在表格中输入数据后，还可以为其设置相应的格式，如文本格式、表格的边框和背景等，从而达到更好的视觉效果。

14.4.1 设置文本格式

在 Excel 2021 中输入的文本字体默认为宋体。为了制作出美观的电子表格，用户可以更改工作表中单元格或单元格区域中的字体、字号或颜色等文本格式。设置文本格式的方式有以下几种。

（1）通过浮动工具栏设置：双击需要设置字体格式的单元格，将光标插入其中，选中要设置的字符，片刻后将出现一个半透明的浮动工具栏，如图 14-32 所示。将鼠标指针放在上面，浮动工具栏将变得不透明，在其中可设置字符的字体格式。

（2）通过【字体】组设置：选择需要设置格式的单元格、单元格区域、文本或字符，在【开始】选项卡的【字体】组中可执行相应的操作来改变字体格式，如图 14-33 所示。

（3）通过【设置单元格格式】对话框设置：单击【字体】组右下角的【字体设置】按钮，打开【设置单元格格式】对话框，在【字体】选项卡中根据需要设置字体、字形、字号及颜色等格式，如图 14-34 所示。

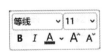

图 14-32 浮动工具栏

图 14-33 【字体】组

图 14-34 【设置单元格格式】对话框

14.4.2　设置对齐方式

在Excel中，文本默认为左对齐，数字默认为右对齐。为了保证工作表中数据整齐，可以为数据重新设置对齐方式，该操作主要在【对齐方式】组中完成，如图14-35所示。【对齐方式】组中，各按钮的含义如下。

图14-35　【对齐方式】组

（1）【顶端对齐】按钮：单击该按钮，数据将靠单元格的顶端对齐。

（2）【垂直居中】按钮：单击该按钮，数据将在单元格中上下居中对齐。

（3）【底端对齐】按钮：单击该按钮，数据将靠单元格的底端对齐。

（4）【文本左对齐】按钮：单击该按钮，数据将靠单元格的左端对齐。

（5）【居中】按钮：单击该按钮，数据将在单元格中左右居中对齐。

（6）【文本右对齐】按钮：单击该按钮，数据将靠单元格的右端对齐。

14.4.3　设置行高和列宽

在Excel中设置行高和列宽非常容易，既可以通过鼠标直接拖曳来实现，也可以通过对话框进行精确调整，具体操作步骤如下。

步骤01　选中需要设置行高和列宽的单元格区域，在【开始】选项卡的【单元格】组中单击【格式】下拉按钮，在打开的列表中选择【行高】命令，打开【行高】对话框，输入【行高】值，完成后单击【确定】按钮，如图14-36所示。

步骤02　将鼠标指针移动到列标的分隔线上，当鼠标指针变为"✛"形状时，按住鼠标左键，向左或向右拖曳到合适的宽度后释放鼠标左键即可，如图14-37所示。

图14-36　设置行高

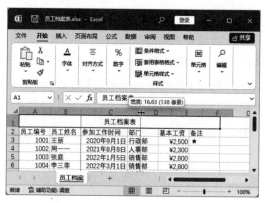

图14-37　设置列宽

技能拓展　选中要设置行高或列宽的行或列并右击，在弹出的快捷菜单中选择【行高】命令或【列宽】命令也可以设置行高或列宽。

课堂范例——套用表格格式

套用表格格式的具体操作步骤如下。

步骤 01 打开"素材文件\第 14 章\生产记录表.xlsx"工作簿，选中需要套用表格格式的单元格区域，在【开始】选项卡的【样式】组中单击【套用表格格式】下拉按钮，在弹出的下拉列表中选择一种表格格式，如图 14-38 所示。

步骤 02 弹出【创建表】对话框，单击【确定】按钮，即可将选择的表格格式应用到所选单元格区域中，如图 14-39 所示。

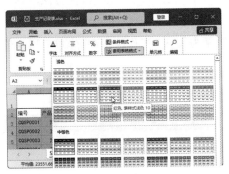

图 14-38　选择表格格式

图 14-39　单击【确定】按钮

步骤 03 单击【表设计】选项卡【工具】组中的【转换为区域】按钮，在弹出的对话框中单击【是】按钮，如图 14-40 所示。

步骤 04 返回工作簿，即可看到所选单元格区域已经套用了选定的表格格式，如图 14-41 所示。

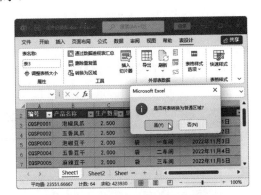

图 14-40　单击【转换为区域】按钮

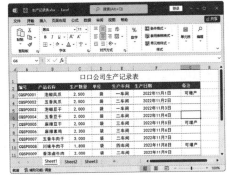

图 14-41　查看设置后效果

14.5　简单的计算功能

使用公式与函数可以在 Excel 中进行数据计算，在工作表中一切运算都需要公式与函数的帮助。通过公式与函数可以计算和处理复杂的数据，下面学习使用公式与函数计算数据的方法。

14.5.1 输入公式

除了单元格格式设置为【文本】的单元格，在单元格中输入等号"="时，Excel将自动变为输入公式的状态。在单元格中输入加号"+"、减号"-"等符号时，系统会自动在前面加上等号，变为输入公式状态。

手动输入和使用鼠标辅助输入是输入公式的两种常用方法，下面分别介绍这两种常用方法。

1. 手动输入

以在【自动售货机销量表】中计算方便面的总销量为例，介绍手动输入公式的方法，具体操作步骤如下。

步骤 01 打开"素材文件\第14章\自动售货机销量表.xlsx"工作簿，在H3单元格内输入公式"=B3+C3+D3+E3+F3+G3"，如图14-42所示。

步骤 02 输入完成后，按【Enter】键，即可在H3单元格中显示计算结果，如图14-43所示。

图 14-42　输入公式

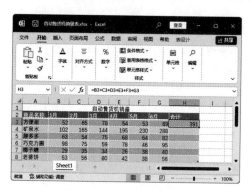

图 14-43　查看计算结果

2. 使用鼠标辅助输入

在引用单元格较多的情况下，比起手动输入公式，有些用户更习惯使用鼠标辅助输入公式，具体操作步骤如下。

步骤 01 在B9单元格中输入"="，然后单击B3单元格，此时该单元格周围出现闪动的虚线边框，可以看到B3单元格被引用到了公式中，如图14-44所示。

步骤 02 在B9单元格中输入运算符【+】，然后单击B4单元格，此时B4单元格也被引用到了公式中，然后使用同样的方法引用其他单元格，如图14-45所示。

步骤 03 完成后按【Enter】键确认公式的输入，即可得到计算结果，如图14-46所示。

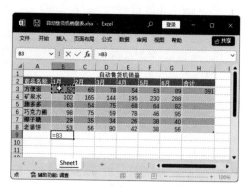

图 14-44　输入公式

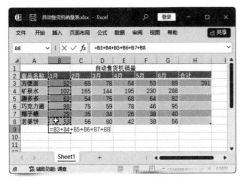

图 14-45 引用 B4 等单元格

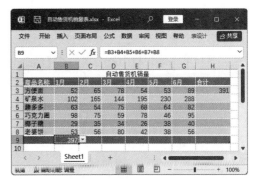

图 14-46 确认公式输入

14.5.2 公式的填充与复制

在 Excel 中创建了公式后，如果其他单元格区域需要使用相同的计算方法，可以填充或复制公式，下面分别进行介绍。

1. 填充公式

例如，将 14.5.1 节中【自动售货机销量表】中的公式【=B3+C3+D3+E3+F3+G3】填充到 H4:H8 单元格区域中，有以下两种常用的方法。

（1）拖曳填充柄：单击 H3 单元格，将鼠标指针指向该单元格右下角，当鼠标指针变为黑色"十"字填充柄时，按住鼠标左键，向下拖曳至 H8 单元格即可，如图 14-47 所示。

（2）双击填充柄：单击 H3 单元格，然后双击单元格右下角的填充柄，公式将向下填充至其相邻列的第一个空单元格的上一行，即 H8 单元格，如图 14-48 所示。

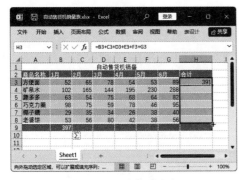

图 14-47 拖曳填充柄

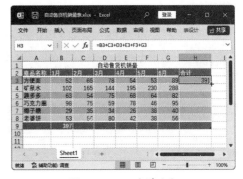

图 14-48 双击填充柄

2. 复制公式

如果要将 14.5.1 节中【自动售货机销量表】中的公式【=B3+C3+D3+E3+F3+G3】复制到 H4:H8 单元格区域中，有以下两种常用的方法。

（1）选择性粘贴：单击 H3 单元格，然后单击【开始】选项卡中的【复制】按钮，或者按【Ctrl+C】组合键，再选择 H4:H8 单元格区域，然后单击【开始】选项卡中的【粘贴】下拉按钮，在弹出的下拉菜单中选择【公式】命令，或按【Ctrl+V】组合键，如图 14-49 所示。

（2）多单元格同时输入：单击 H3 单元格，然后按住【Shift】键，再单击 H8 单元格选中该单元格区域，然后单击编辑栏中的公式，按【Ctrl+Enter】组合键，H4:H8 单元格区域中将输入相同的公式，如图 14-50 所示。

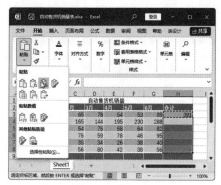

图 14-49　选择【公式】命令

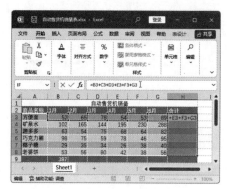

图 14-50　多单元格同时输入公式

14.5.3　使用函数计算

使用函数与使用公式的方法相似，每一个输入的函数都要以【=】开头，然后跟着输入函数的名称，再接着输入一对括号，括号内为参数，参数之间用逗号分隔。例如，求平均值函数的表达式为【=AVERAGE(E2:E8)】，此函数将计算 E2:E8 单元格区域中数据的平均值。

如果能够记住函数的名称、参数，则可直接在单元格中输入函数，如果不能确定函数的名称或参数，可以使用函数向导插入函数，具体操作步骤如下。

步骤 01　打开"素材文件\第 14 章\员工销售情况.xlsx"工作簿，选择 F2 单元格，单击【公式】选项卡【函数库】组中的【插入函数】按钮，如图 14-51 所示。

步骤 02　打开【插入函数】对话框，在【选择函数】列表框中选择【SUM】函数，然后单击【确定】按钮，如图 14-52 所示。

图 14-51　单击【插入函数】按钮

图 14-52　选择函数

步骤 03 打开【函数参数】对话框，在【Number1】引用框中选择求和区域，然后单击【确定】按钮，如图 14-53 所示。

步骤 04 返回工作表即可看到计算结果，拖曳填充柄将函数填充到其他单元格即可，如图 14-54 所示。

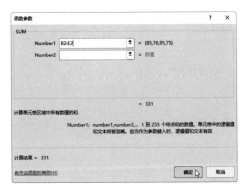

图 14-53 设置函数参数

图 14-54 填充函数

📖 课堂范例——定义名称代替单元格地址

定义名称代替单元格地址的具体操作步骤如下。

步骤 01 打开"素材文件\第 14 章\螺钉销售情况.xlsx"工作簿，选中 B2:B5 单元格区域，在编辑栏左侧的名称框中输入要定义的名称，如【销售数量】，然后按【Enter】键确认，即可快速定义名称，如图 14-55 所示。

步骤 02 使用相同的方法定义 C2:C5 单元格区域的名称为【单价】，如图 14-56 所示。

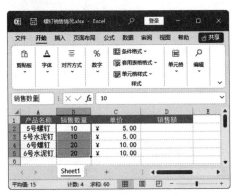

图 14-55 定义名称为【销售数量】

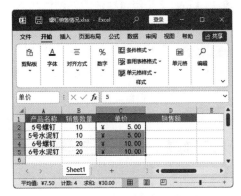

图 14-56 定义名称为【单价】

步骤 03 为【销售数量】和【单价】定义名称后，在 D2 单元格中输入公式【=销售数量*单价】，如图 14-57 所示。

步骤 04 按【Enter】键确认，得到计算结果，拖曳填充柄将函数填充到其他单元格即可，如图 14-58 所示。

 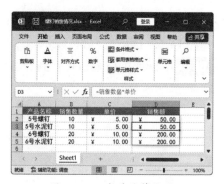

图 14-57　输入公式　　　　　　　　　图 14-58　查看计算结果

14.6 分析表格数据

Excel提供了强大的数据处理和分析功能，可以轻松完成数据处理和分析工作。下面介绍排序表格数据、筛选表格数据和分类汇总数据的方法。

14.6.1 排序表格数据

在Excel中，对数据进行排序是指按照一定的规则对工作表中的数据进行排列，以进一步处理和分析这些数据。Excel提供了多种排序方法，用户可以根据需要自行选择，下面介绍几种排序方法。

1. 按一个条件排序

在Excel中，有时会需要对数据进行升序或降序排序。【升序】是指将选择的数据按从小到大的顺序排序；【降序】是指将选择的数据按从大到小的顺序排序。按一个条件对数据进行升序或降序排序的具体操作步骤如下。

步骤 01　打开"素材文件\第14章\员工考评成绩表.xlsx"工作簿，在需要进行排序的数据列右击（本例为"专业"列），在弹出的快捷菜单中选择【排序】命令，在弹出的扩展菜单中单击【升序】命令，如图 14-59 所示。

步骤 02　操作完成后，即可看到工作表中的数据已经按照所选顺序排序，如图 14-60 所示。

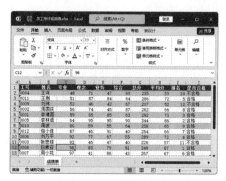

图 14-59　单击【升序】命令　　　　　　图 14-60　查看排序结果

2. 按多个条件排序

按多个条件排序是指依据多列的数据规则对数据表进行排序操作。例如，在【员工考评成绩表】中要同时对【总分】和【平均分】所在列进行排序，具体操作步骤如下。

步骤 01 打开"素材文件\第 14 章\员工考评成绩表.xlsx"工作簿，选中任意数据单元格，然后单击【数据】选项卡【排序和筛选】组中的【排序】按钮，如图 14-61 所示。

步骤 02 弹出【排序】对话框，在【主要关键字】下拉列表中选择【总分】选项，在【排序依据】下拉列表中选择【单元格值】选项，在【次序】下拉列表中选择【升序】选项，然后单击【添加条件】按钮，如图 14-62 所示。

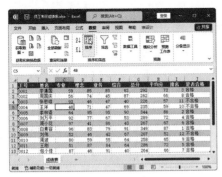

图 14-61 单击【排序】按钮

图 14-62 设置主要关键字

步骤 03 在【次要关键字】下拉列表中选择【平均分】选项，在【排序依据】下拉列表中选择【单元格值】选项，在【次序】下拉列表中选择【升序】选项，完成后单击【确定】按钮，如图 14-63 所示。

步骤 04 返回工作表即可看到表中的数据按照设置的多个条件进行了排序，如图 14-64 所示。

图 14-63 设置次要关键字

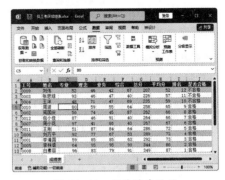

图 14-64 查看排序结果

14.6.2 筛选表格数据

在 Excel 中，数据筛选是指在显示符合用户设置条件的数据的同时，隐藏不符合条件的数据，下面将介绍筛选表格数据的方法。

1. 简单条件的筛选

如果要筛选的数据比较简单，可以使用简单条件筛选，具体操作步骤如下。

步骤01 打开"素材文件\第14章\电脑销售情况.xlsx"工作簿，将光标定位到工作表的数据区域中，单击【数据】选项卡【排序和筛选】组中的【筛选】按钮，如图14-65所示。

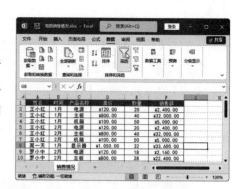

图 14-65　单击【筛选】按钮

步骤02 此时工作表数据区域中字段名右侧出现下拉按钮，单击需要进行筛选的字段名右侧的下拉按钮，如单击【时间】字段名右侧的下拉按钮，在弹出的下拉列表中选中要筛选选项的复选框，然后单击【确定】按钮，如图14-66所示。

步骤03 返回工作表即可看到已经只显示符合筛选条件的数据，同时【时间】字段名右侧的下拉按钮变为形状，如图14-67所示。

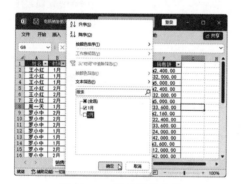

图 14-66　设置筛选条件

图 14-67　查看筛选结果

2. 对指定数据的筛选

以在【电脑销售情况】工作簿中筛选出员工销售数量的5个最大值为例，对指定数据进行筛选的具体操作步骤如下。

步骤01 打开"素材文件\第14章\电脑销售情况.xlsx"工作簿，单击【数据】选项卡【排序和筛选】组中的【筛选】按钮，如图14-68所示。

步骤02 进入筛选状态，单击【数量】字段名右侧的下拉按钮，在打开的下拉列表中选择【数字筛选】命令，在打开的扩展菜单中选择【前10项】命令，如图14-69所示。

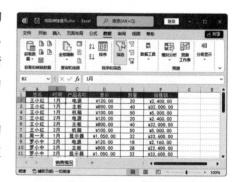

图 14-68　单击【筛选】按钮

步骤03 弹出【自动筛选前10个】对话框，在【显示】组合框中根据需要进行设置，如设置显示【最大】【5】项数据，然后单击【确定】按钮，如图14-70所示。

步骤 04　返回工作表即可看到工作表中的数据已经按照【数量】字段的最大前 5 项进行筛选，如图 14-71 所示。

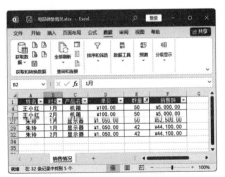

图 14-69　选择【前 10 项】命令　　　图 14-70　设置筛选条件　　　图 14-71　查看筛选结果

14.6.3　分类汇总数据

利用 Excel 提供的分类汇总功能，用户可以将表格中的数据进行分类，然后再把性质相同的数据汇总到一起，使其结构更清晰，便于查找数据，具体操作步骤如下。

步骤 01　打开"素材文件\第 14 章\销售业绩.xlsx"工作簿，将光标定位到【所在省份】列中，单击【数据】选项卡【排序和筛选】组中的【升序】按钮 ↓↑，将该列按升序排序，如图 14-72 所示。

步骤 02　在【数据】选项卡的【分级显示】组中单击【分类汇总】命令，如图 14-73 所示。

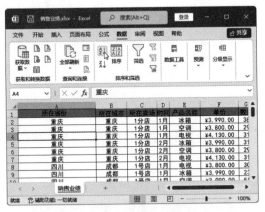

图 14-72　单击【升序】按钮　　　　　　　　　图 14-73　单击【分类汇总】命令

步骤 03　弹出【分类汇总】对话框，在【分类字段】下拉列表中选择【所在省份】选项，在【汇总方式】下拉列表中选择【求和】选项，在【选定汇总项】列表框中选中【销售额】复选框，然后单击【确定】按钮，如图 14-74 所示。

步骤 04　返回工作表即可看到表中数据按照设置进行了分类汇总，并分组显示出分类汇总的数据，如图 14-75 所示。

图 14-74 设置汇总条件

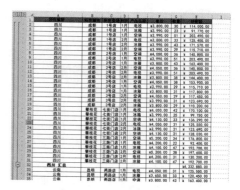

图 14-75 查看汇总结果

课堂范例——自定义筛选数据

自定义筛选数据的具体操作步骤如下。

步骤01 打开"素材文件\第 14 章\电脑销售情况.xlsx"工作簿，单击【数据】选项卡【排序和筛选】组中的【筛选】按钮，如图 14-76 所示。

步骤02 单击要进行自定义筛选的字段名右侧的下拉按钮，如单击【数量】字段名右侧的下拉按钮，在打开的下拉列表中依次选择【数字筛选】→【自定义筛选】命令，如图 14-77 所示。

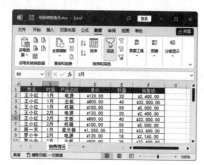

图 14-76 单击【筛选】按钮

图 14-77 选择【自定义筛选】命令

步骤03 弹出【自定义自动筛选方式】对话框，在【数量】组合框中设置筛选条件，然后单击【确定】按钮，如图 14-78 所示。

步骤04 返回工作表即可看到符合条件的数据已经筛选出来，如图 14-79 所示。

图 14-78 设置筛选条件

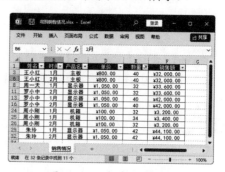

图 14-79 查看筛选结果

14.7　使用图表

如果 Excel 中只有数据，看起来就会十分枯燥，使用图表功能可以帮助用户迅速创建各种各样的商业图表。图表不仅能增强视觉效果，还能更直观、形象地显示出表格中各个数据之间的复杂关系，更易于理解和交流，也起到了美化表格的作用。

14.7.1　插入图表

Excel 2021 中内置了大量的图表标准类型，包括柱形图、折线图、饼图、圆环图、条形图、面积图、XY 散点图、气泡图、股价图、曲面图和雷达图等，并提供了一些常用的组合图表，用户可以根据需要选择合适的图表类型。插入图表的具体操作步骤如下。

步骤 01　打开"素材文件\第 14 章\上半年销售情况 .xlsx"工作簿，选中数据区域，单击【插入】选项卡【图表】组中的【插入柱形图或条形图】按钮 ，在弹出的下拉列表中选择【堆积柱形图】选项，如图 14-80 所示。

步骤 02　完成后即可看到根据选择的数据源和图表类型生成的图表，如图 14-81 所示。

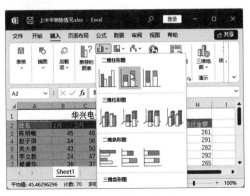

图 14-80　选择图表类型

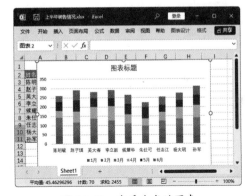

图 14-81　查看生成的图表

14.7.2　调整图表大小与位置

创建图表后，用户可以根据实际需要调整图表的大小和位置，方法与调整图片的大小和位置相似，调整的方法如下。

（1）调整图表大小：将鼠标指针指向控制点，当鼠标指针变为双向箭头形状时，按住鼠标左键并拖曳即可调整图表大小。

（2）调整图表位置：将鼠标指针指向图表的空白区域，当鼠标指针变为"⤢"形状时，按住鼠标左键并拖曳图表到目标位置后释放鼠标左键即可。

某些时候为了表达图表数据的重要性，或者为了能清楚分析图表中的数据，需要将图表放大并单独制作为一张工作表。此时，可以使用【移动图表】功能。下面将【上半年销售情况】工作簿中的图表单独制作为一张工作表，具体操作步骤如下。

步骤 01 在"素材文件\第14章\上半年销售情况.xlsx"工作簿中选中图表，单击【图表设计】选项卡【位置】组中的【移动图表】按钮，如图14-82所示。

步骤 02 打开【移动图表】对话框，选中【新工作表】单选按钮，在右侧的文本框中输入工作表名称（默认为Chart1），然后单击【确定】按钮，如图14-83所示。

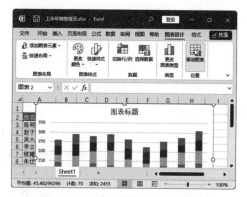

图 14-82　单击【移动图表】按钮

图 14-83　【移动图表】对话框

步骤 03 完成后即可在工作簿中创建放置图表的新工作表，并将图表移动到新工作表中，如图14-84所示。

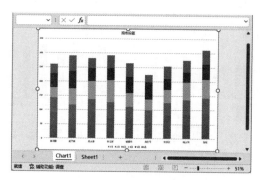

图 14-84　将图表移至新工作表

14.7.3　美化图表

创建图表后，图表以默认的格式显示，为了使图表更具吸引力，用户可以执行更改图表颜色、添加图表元素等操作，具体操作步骤如下。

步骤 01 打开"素材文件\第14章\电器销售.xlsx"工作簿，选择图表，然后单击【图表设计】选项卡【图表样式】组中的【更改颜色】下拉按钮，在弹出的下拉列表中选择一种颜色，如图14-85所示。

步骤 02 单击【图表设计】选项卡【图表布局】组中的【添加图表元素】下拉按钮，在弹出的下拉菜单中选择【数据标签内】命令，在弹出的扩展菜单中选择数据标签的位置，如图 14-86 所示。

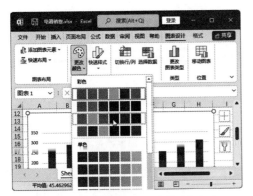

图 14-85 单击【更改颜色】下拉按钮

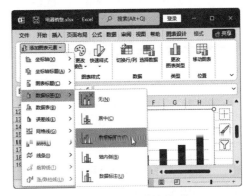

图 14-86 添加数据标签

步骤 03 单击【图表设计】选项卡【图表样式】组中的【快速样式】下拉按钮，在弹出的下拉列表中选择一种样式，如图 14-87 所示。

步骤 04 设置完成后效果如图 14-88 所示。

图 14-87 选择图表样式

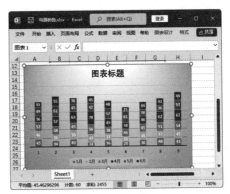

图 14-88 图表效果

14.7.4 创建数据透视表

运用数据透视表可以深入分析数据并了解一些无法预测的数据问题。使用数据透视表之前，首先要创建数据透视表，再对其进行设置。要创建数据透视表，需要连接一个数据源，并输入报表位置，具体操作步骤如下。

步骤 01 打开"素材文件\第 14 章\公司销售业绩.xlsx"工作簿，选中要作为数据透视表数据源的任意单元格，然后单击【插入】选项卡【表格】组中的【数据透视表】按钮，如图 14-89 所示。

步骤 02 打开【来自表格或区域的数据透视表】对话框，在【选择表格或区域】中，已经自动选中数据源区域，选中【现有工作表】单选按钮，在【位置】栏中设置数据透视表的放置位置，然后单击【确定】按钮，如图 14-90 所示。

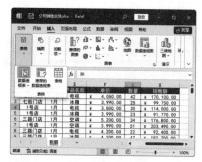

图 14-89　单击【数据透视表】按钮

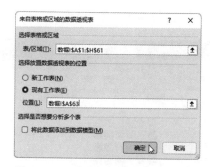

图 14-90　设置数据透视表放置位置

步骤 03　此时系统将自动在当前工作表中创建一个空白数据透视表，并打开【数据透视表字段】窗格，如图 14-91 所示。

步骤 04　在【数据透视表字段】窗格的【选择要添加到报表的字段】列表框中选中相应字段对应的复选框，即可创建带有数据的数据透视表，如图 14-92 所示。

图 14-91　创建空白数据透视表

图 14-92　为数据透视表添加字段

📖 课堂范例——创建迷你图

创建迷你图的具体操作步骤如下。

步骤 01　打开"素材文件\第 14 章\酒水销售表.xlsx"工作簿，选择 I3 单元格，单击【插入】选项卡【迷你图】组中的【折线】按钮，如图 14-93 所示。

步骤 02　打开【创建迷你图】对话框，选择图表显示的数据范围，然后单击【确定】按钮，如图 14-94 所示。

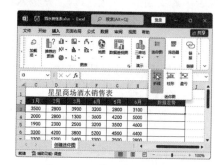

图 14-93　单击【折线】按钮

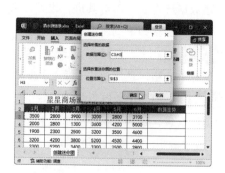

图 14-94　选择数据范围

步骤 **03**　选择 I3 单元格，然后向下填充迷你图，如图 14-95 所示。

步骤 **04**　操作完成后，即可为表格中的所有数据创建迷你图，如图 14-96 所示。

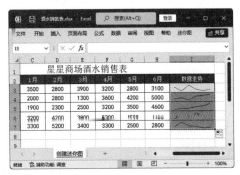

图 14-95　填充迷你图　　　　　　　　图 14-96　查看创建的迷你图

课堂问答

问题 1：如何输入以【0】开头的数据？

答：默认情况下，在单元格中输入以【0】开头的数据时，Excel 会把它识别为纯数字，直接省略前面的【0】。例如，在单元格中输入序号【00001】时，Excel 会自动将它转换为【1】。

如果想在单元格中输入以【0】开头的编号，需要先将这些单元格的数字格式设置为文本，或者在输入编号前先输入一个英文状态下的单引号【'】，然后再输入编号即可。

问题 2：如何突出显示数据？

答：在 Excel 中，当单元格中的数据满足某一个设定的条件时，可以使用条件格式功能突出显示数据，具体操作步骤如下。

步骤 **01**　打开"素材文件\第 14 章\生产记录表.xlsx"工作簿，选择 C3:C11 单元格区域，单击【开始】选项卡【样式】组中的【条件格式】按钮，在弹出的下拉列表中选择【突出显示单元格规则】命令，在弹出的扩展菜单中选择【大于】命令，打开【大于】对话框，在文本框中输入"2000"，然后单击【确定】按钮，如图 14-97 所示。

步骤 **02**　操作完成后，即可看到工作表中符合条件的数据已经突出显示，如图 14-98 所示。

图 14-97　设置条件参数　　　　　　　　图 14-98　查看突出显示效果

上机实战——制作员工销售提成统计表

为了巩固本章知识点，下面讲解制作员工销售提成统计表的案例，使读者对本章的知识有更深入的了解。

思路分析

为了提高员工的销售积极性，公司可以根据员工的销售业绩给予员工一定的销售提成。在计算销售提成的金额时，可以使用Excel公式与函数来计算。

本例首先将数据引用到目标工作表，然后计算出提成金额，再通过插入特殊符号的方式备注提成级别，得到最终效果。

制作步骤

步骤01 打开"素材文件\第14章\员工销售提成统计表.xlsx"工作簿，其中已经创建了销售总额统计表、提成比例表和销售提成统计表的基本框架，如图14-99所示。

步骤02 切换到【销售提成统计表】，在工作表中选中A3单元格，在编辑栏中输入"="符号，如图14-100所示。

图14-99　打开工作簿

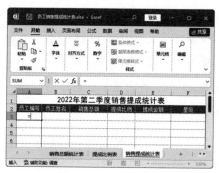

图14-100　输入"="符号

步骤03 切换到【销售总额统计表】工作表，选中A3单元格，如图14-101所示。

步骤04 按【Enter】键，将自动返回【销售提成统计表】工作表，并将【销售总额统计表】工作表A3单元格中的内容引用到【销售提成统计表】工作表的A3单元格中，如图14-102所示。

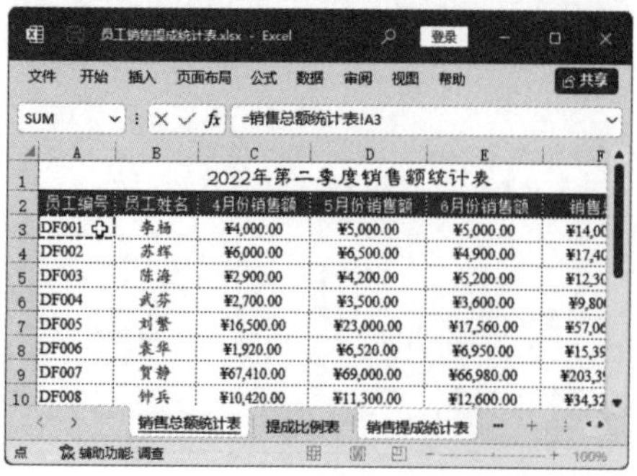

图14-101　选中A3单元格

图14-102　引用到A3单元格

步骤 05　在【销售提成统计表】中选中 A3 单元格，利用填充柄功能向右拖曳，引用【销售总额统计表】工作表 B3 单元格中的内容，选中 A3:B3 单元格区域，利用填充柄功能向下拖曳，引用【销售总额统计表】工作表中的员工编号和员工姓名，如图 14-103 所示。

步骤 06　使用单元格引用和填充柄填充数据的方法，引用【销售总额统计表】工作表中的销售总额数据到【销售提成统计表】工作表中，如图 14-104 所示。

图 14-103　填充数据

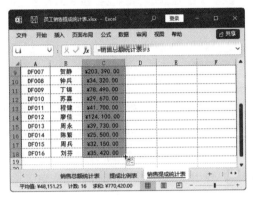

图 14-104　引用数据

步骤 07　选中 D3 单元格，输入公式"=HLOOKUP(C3,提成比例表!$B$3:$E$4,2)"，按【Enter】键，根据【提成比例表】中的数据，计算出员工销售总额对应的分段提成比例，使用填充柄将公式填充到相应单元格中，如图 14-105 所示。

步骤 08　选中 E3 单元格，输入公式"=IF(C3<=200000,C3*D3,16000)"，按【Enter】键即可显示出计算结果，使用填充柄将公式填充到相应单元格中，如图 14-106 所示。

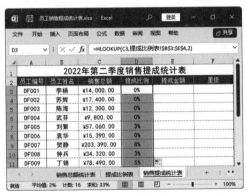

图 14-105　计算提成比例

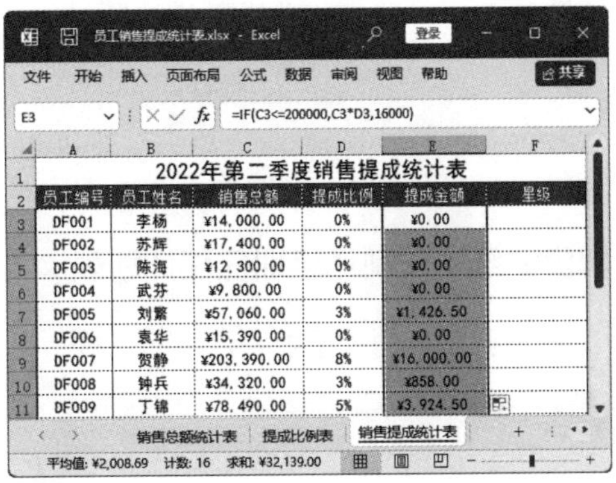

图 14-106　计算提成金额

步骤 09　选中 G2 单元格，切换到【插入】选项卡，单击【符号】组中的【符号】按钮，如图 14-107 所示。

步骤 10　弹出【符号】对话框，选择所需符号，单击【插入】按钮，此时右侧【取消】按钮将变为【关闭】按钮，单击【关闭】按钮即可关闭【符号】对话框，如图 14-108 所示。

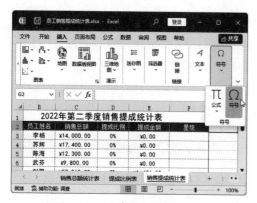

图 14-107　单击【符号】按钮

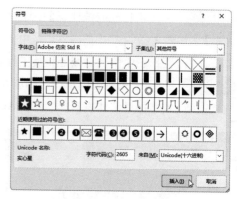

图 14-108　插入符号

步骤 11　返回工作表即可在 G2 单元格中查看已插入的符号，选中 F3 单元格，输入公式"=IF (AND(E3>=600,E3<1200),REPT(G$2,3),IF(AND(E3>=1200,E3<6500),REPT(G$2,4),IF(AND(E3>= 6500,E3<16000),REPT(G$2,5), IF(E3=16000,REPT(G$2,6),""))))"，按【Enter】键，计算出员工销售提成星级，使用填充柄将公式填充到相应单元格即可，如图 14-109 所示。

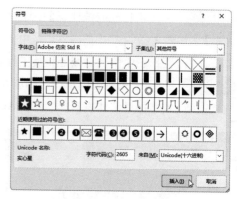

图 14-109　计算提成星级

🌐 同步训练——制作培训日程计划表

为了增强读者的动手能力，下面安排一个同步训练案例，让读者达到举一反三、触类旁通的学习效果。

思路分析

为了让参与培训的员工能够提前了解培训课程、时间安排和负责人等培训相关事宜，人力资源部需要制作培训日程计划表，对培训日程进行合理安排，也便于员工合理利用时间。

本例首先新建一个工作簿，输入计划表内容后设置标题字体格式，然后使用表格格式快速美化表格，完成效果制作。

关键步骤

步骤 01　新建一个名为【培训日程计划表】的工作簿，输入标题、课程、培训地点、培训日期、培训时间、负责人等内容，如图 14-110 所示。

步骤 02　选中 C3:C9 单元格区域并右击，在弹出的快捷菜单中单击【设置单元格格式】命令，如图 14-111 所示。

图 14-110　输入表格内容

图 14-111　单击【设置单元格格式】命令

步骤 03　打开【设置单元格格式】对话框，在【数字】选项卡下的【分类】列表框中选择【日期】选项，在【类型】列表框中选择一种日期类型，单击【确定】按钮，如图 14-112 所示。

步骤 04　选择 D3:D9 单元格区域，打开【设置单元格格式】对话框，在【分类】列表框中选择【时间】选项，在【类型】列表框中选择一种时间类型，然后单击【确定】按钮，如图 14-113 所示。

图 14-112　设置日期格式

图 14-113　设置时间格式

步骤 05　选择 A1:E1 单元格区域，单击【开始】选项卡【对齐方式】组中的【合并后居中】按钮，如图 14-114 所示。

步骤 06　选择合并后的 A1 单元格，在【开始】选项卡的【字体】组中设置字体格式为【等线，20 号，白色】，并设置填充色为【绿色】，如图 14-115 所示。

图 14-114　单击【合并后居中】按钮

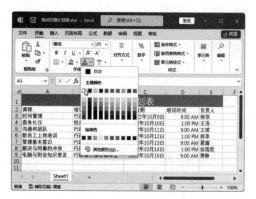

图 14-115　设置字体格式

步骤 07　选择 A2:E9 单元格区域，单击【开始】选项卡【样式】组中的【套用表格格式】下拉按钮，在弹出的下拉列表中选择一种表格格式，弹出【创建表】对话框，保持默认设置，单击【确定】按钮，如图 14-116 所示。

步骤 08　返回工作表，在【设计】选项卡中单击【工具】组中的【转换为区域】按钮，在弹出的对话框中单击【是】按钮即可，如图 14-117 所示。

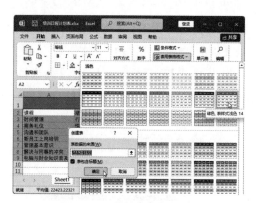

图 14-116　【创建表】对话框

图 14-117　单击【转换为区域】按钮

知识能力测试

本章讲解了 Excel 2021 的基本操作方法，为对知识进行巩固和考核，布置相应的练习题。

一、填空题

1. 在单元格中输入文本的常用方法有三种：_____、_____ 和 _____。

2. 在对数据进行排序时，_____ 是指将选择的数据按从小到大的顺序排序；_____ 是指将选择的数据按从大到小的顺序排序。

3. Excel 2021 中内置了大量的图表标准类型，包括 _____、_____、_____、_____、_____、_____、_____、_____、_____、_____ 等。

二、选择题

1. 在设置对齐方式时，单击（　　　）按钮，数据将在单元格中居中对齐。

A. ≡　　　　　　　　B. ≡　　　　　　　　C. ≡　　　　　　　　D. ≡

2. 除了单元格格式设置为文本的单元格，在单元格中输入_____时，将自动变为输入公式的状态。

A. 数字　　　　　　　B. 0　　　　　　　　C. 等号　　　　　　　D. 公式

3. 在 Excel 中，（　　　）是指只显示符合用户设置条件的数据，隐藏不符合条件的数据。

A. 数据筛选　　　　　B. 排序　　　　　　C. 分类汇总　　　　　D. 以上均是

三、简答题

1. 在输入有规律的数据时，使用什么方法可以快速输入？

2. 如果要将性质相同的数据汇总到一起，可以使用什么方法？

Windows 11+Office 2021

第15章
用PowerPoint 2021制作与设计幻灯片

　　随着信息技术和信息产业的飞速发展，PowerPoint（PPT）在各行业的应用越来越重要，相较于长篇文字，PPT 具有更加直观、生动的特点，更容易被他人理解和接受。无论是职场精英，还是刚入职的新手，掌握PPT的相关操作都是必备技能。本章将介绍PPT的使用方法。

学习目标

- 熟悉 PPT 的基本操作方法。
- 掌握幻灯片中文本的输入方法。
- 掌握幻灯片中图形图片的应用方法。
- 掌握幻灯片中添加动画的方法。
- 掌握幻灯片的放映设置。

15.1 演示文稿的基本操作

PowerPoint 2021 是 Office 2021 系列办公软件中的一个重要组件，用于制作和播放多媒体演示文稿。如果想要制作出精美的演示文稿，首先需要了解演示文稿的基本操作。

15.1.1 新建演示文稿

要制作演示文稿，应从新建演示文稿开始。创建空白演示文稿是日常工作中最基本的操作，具体操作步骤如下。

步骤 01 单击【开始】按钮■，在打开的【开始】屏幕中选择【PowerPoint】选项，在启动的 PowerPoint 中选择【空白演示文稿】选项，如图 15-1 所示。

步骤 02 系统会创建一个名为【演示文稿 1】的空白演示文稿。再次执行以上操作，系统会以"演示文稿 2，演示文稿 3……"的顺序对新演示文稿进行命名，如图 15-2 所示。

图 15-1 选择【空白演示文稿】选项

图 15-2 创建演示文稿

除了上述方法，还可以使用以下方法创建空白演示文稿。

（1）在 PowerPoint 界面下，按【Ctrl+N】组合键。

（2）在 PowerPoint 窗口中切换到【文件】选项卡，在左侧窗格中选择【新建】命令，在右侧窗格中选择【空白演示文稿】选项，然后单击【创建】按钮即可。

（3）在桌面或文件夹窗口中的空白处右击，在弹出的快捷菜单中单击【新建】命令，在弹出的扩展菜单中选择【Microsoft PowerPoint 演示文稿】命令。

15.1.2 添加与删除幻灯片

默认情况下，在新建的空白演示文稿中只有一张幻灯片，而一个演示文稿通常需要使用多张幻灯片来表达需要演示的内容，这时就需要在演示文稿中添加新的幻灯片。在演示文稿编辑完成后，如果发现有多余的幻灯片，也需要将其删除。

1. 添加幻灯片

添加幻灯片的方法如下。

（1）在视图窗格中选择某张幻灯片后，在【开始】选项卡的【幻灯片】组中直接单击【新建幻灯片】按钮，可在该幻灯片的后面添加一张同样版式的幻灯片，如图 15-3 所示。

（2）在左侧的视图窗格中右击某张幻灯片，在弹出的快捷菜单中单击【新建幻灯片】命令，即可在当前幻灯片的后面添加一张同样版式的幻灯片。

（3）在左侧的视图窗格中选择某张幻灯片后按【Enter】键，可快速在该幻灯片的后面添加一张同样版式的幻灯片。

（4）在【幻灯片浏览】视图模式下选中某张幻灯片，然后执行上面任意一种操作，也可在当前幻灯片的后面添加一张新幻灯片。

（5）在视图窗格中选择某张幻灯片，然后在【开始】选项卡的【幻灯片】组中单击【新建幻灯片】下拉按钮，在弹出的下拉列表中选择需要的幻灯片版式，如选择【比较】版式，即可在所选幻灯片的后面添加一张【比较】版式的新幻灯片，如图 15-4 所示。

图 15-3　单击【新建幻灯片】按钮

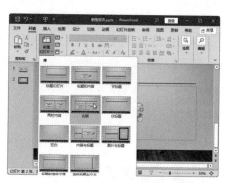

图 15-4　选择幻灯片版式

2. 删除幻灯片

在编辑演示文稿的过程中，对于多余的幻灯片，可将其删除，具体操作步骤如下。

选中需要删除的幻灯片并右击，在弹出的快捷菜单中单击【删除幻灯片】命令即可，如图 15-5 所示。

图 15-5　单击【删除幻灯片】命令

温馨提示　选择要删除的幻灯片后，按【Delete】键也可以删除幻灯片。

15.1.3　移动和复制幻灯片

在编辑演示文稿时，可将某张幻灯片移动或复制到同一演示文稿的其他位置或其他演示文稿中，从而加快制作幻灯片的速度。

1. 移动幻灯片

在 PowerPoint 2021 中，可通过下面几种方法对演示文稿中的幻灯片进行移动操作。

（1）在幻灯片窗格中选择需要移动的幻灯片，按住鼠标左键并拖曳，当拖曳到需要的位置后释放鼠标左键即可，如图 15-6 所示。

（2）在【幻灯片浏览】视图模式中，选中需要移动的幻灯片，按住鼠标左键并拖曳鼠标，当拖曳到需要的位置后释放鼠标左键即可，如图 15-7 所示。

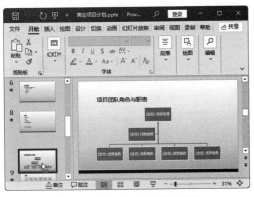
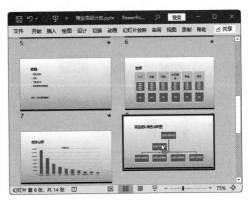

图 15-6　在幻灯片窗格中拖曳　　　　　图 15-7　在【幻灯片浏览】视图模式中拖曳

（3）选中需要移动的幻灯片，按【Ctrl+X】组合键剪切，将光标定位在需要移动到的目标幻灯片前，按【Ctrl+V】组合键粘贴即可。

2. 复制幻灯片

在 PowerPoint 2021 中，可通过以下步骤对演示文稿中的幻灯片进行复制，具体操作步骤如下。

步骤 01　选中需要复制的幻灯片，在【开始】选项卡的【剪贴板】组中单击【复制】按钮进行复制，如图 15-8 所示。

步骤 02　在幻灯片窗格中选择目标幻灯片，在【开始】选项卡的【剪贴板】组中单击【粘贴】按钮，即可将幻灯片粘贴至所选幻灯片后，如图 15-9 所示。

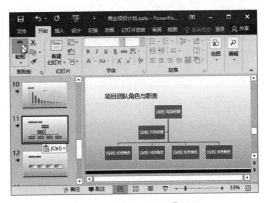

图 15-8　单击【复制】按钮　　　　　图 15-9　单击【粘贴】按钮

📚 课堂范例——更改幻灯片的版式

更改幻灯片的版式有以下两种方法。

（1）在【普通视图】或【幻灯片浏览视图】模式下，选中需要更改版式的幻灯片，在【开始】选项卡的【幻灯片】组中单击【幻灯片版式】按钮，在弹出的下拉列表中选择需要的版式即可，如图 15-10 所示。

（2）在左侧视图窗格中，右击需要更改版式的幻灯片，在弹出的快捷菜单中选择【版式】命令，在弹出的扩展菜单中选择需要的版式即可，如图 15-11 所示。

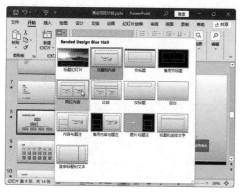
图 15-10　单击【幻灯片版式】按钮

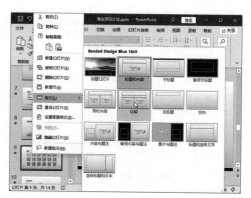
图 15-11　使用右键菜单更改

15.2　文本的输入和设置

文本是PPT中最重要也是最基本的元素之一，它在一定程度上决定了PPT的精美程度。对幻灯片中的文本进行组织和美化是非常重要的，为了使幻灯片看起来更具特色，需要熟悉文本的一些编辑和排版技巧。

15.2.1　输入幻灯片文本

在幻灯片中经常可以看到包含【单击此处添加标题】【单击此处添加文本】等有虚线边框的文本框，这些文本框都被称为【占位符】，框内已经预设了文本的属性和样式，用户只需按照自己的需要在相应的占位符中添加内容即可。在占位符中添加文本的具体操作步骤如下。

步骤 01　新建PowerPoint演示文稿，默认显示第 1 张幻灯片，单击【单击此处添加标题】占位符，此时该占位符中出现闪烁的光标，如图 15-12 所示。

步骤 02　在占位符中输入标题文本，用同样的方法在【单击此处添加副标题】占位符中输入副标题文本，如图 15-13 所示。

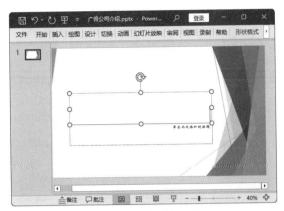

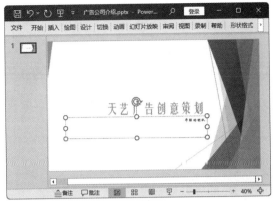

图 15-12　单击占位符　　　　　图 15-13　输入副标题

15.2.2　设置文本字体格式

在制作演示文稿时，如果全篇使用默认的文本字体格式，制作出来的演示文稿会显得千篇一律，可以通过设置文本的字体格式使演示文稿焕然一新，具体操作步骤如下。

步骤 01　选择需要设置字体格式的文本，单击【开始】选项卡【字体】组中的【字号】下拉按钮，在弹出的下拉列表中选择合适的字号，如选择【40】选项，如图 15-14 所示。

步骤 02　保持文本的选中状态，单击【开始】选项卡【字体】组中的【字体】下拉按钮，在弹出的下拉列表中选择合适的字体，如选择【华文行楷】选项，如图 15-15 所示。

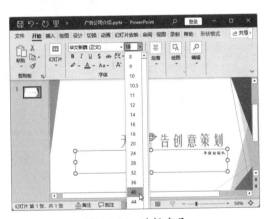

图 15-14　选择字号　　　　　图 15-15　选择字体

步骤 03　保持文本的选中状态，单击【开始】选项卡【字体】组中的【字体颜色】下拉按钮 ▲·，在弹出的下拉列表中选择一种字体颜色，如图 15-16 所示。

步骤 04　设置完成后效果如图 15-17 所示。

技能拓展　选中文本后右击，在弹出的快捷菜单中选择【字体】命令，在打开的【字体】对话框中可对文本进行字体、字号、颜色和字体效果等设置。

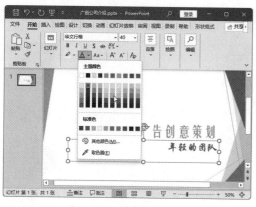

图 15-16　选择字体颜色

图 15-17　设置完成后的效果

15.2.3　设置段落的对齐方式

段落的对齐方式主要包括左对齐 ≡、居中 ≡、右对齐 ≡、两端对齐 ≡ 和分散对齐 ▤，段落对齐方式直接影响版面效果。例如，要将标题文本设置为居中，具体操作步骤如下。

步骤 01　将光标定位到需要设置对齐方式的段落中，单击【开始】选项卡【段落】组中的对齐方式按钮，如单击【居中】按钮 ≡，如图 15-18 所示。

步骤 02　该段落将根据所选对齐方式对齐，如图 15-19 所示。

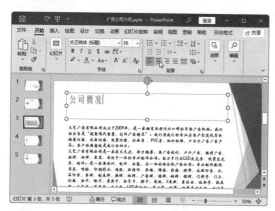

图 15-18　单击【居中】按钮

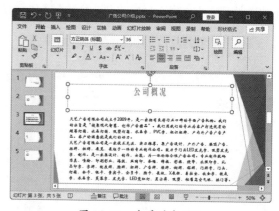

图 15-19　查看对齐效果

◼ 课堂范例——设置项目符号

设置项目符号的具体操作步骤如下。

步骤 01　选择需要设置项目符号的文本，单击【开始】选项卡【段落】组中的【项目符号】下拉按钮 ≡ ，在弹出的下拉列表中选择合适的项目符号样式，如图 15-20 所示。

步骤 02　设置完成后效果如图 15-21 所示。

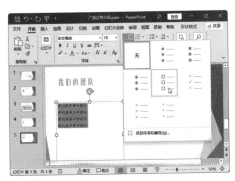

图 15-20　单击【项目符号】下拉按钮

图 15-21　项目符号效果

15.3 制作图文混排幻灯片

在制作幻灯片时，图形是必不可少的元素，图文并茂的幻灯片不仅形象生动，而且更容易引起观众的兴趣，更能表达演讲人的思想。如果图形运用得当、合理，可以更直观、准确地表达事物之间的关系。

15.3.1 插入与编辑图片

PowerPoint 2021 中提供了强大的图片处理功能，可以轻松插入电脑中的图片，并根据需要对图片的大小进行调整。

1. 插入图片

插入图片的具体操作步骤如下。

步骤 01　打开"素材文件\第 15 章\茶叶介绍与展示.pptx"演示文稿，选择第 2 张幻灯片，在【插入】选项卡中单击【图像】组中的【图片】下拉按钮，在弹出的下拉菜单中选择【此设备】选项，如图 15-22 所示。

步骤 02　打开【插入图片】对话框，选择要插入的图片，单击【插入】按钮即可插入图片，如图 15-23 所示。

图 15-22　单击【图片】下拉按钮

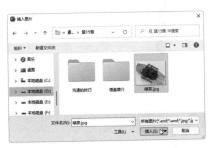

图 15-23　选择要插入的图片

单击占位符中的【图片】按钮，也可以打开【插入图片】对话框。另外，打开存放图片的文件夹复制图片，然后直接粘贴到幻灯片中也可将图片插入幻灯片中。

2. 编辑图片

插入图片后，可以对图片进行编辑，如裁剪图片、调整图片大小、美化图片等，以满足使用需求，具体操作步骤如下。

步骤 01 选中图片，切换到【图片格式】选项卡，在【大小】组中单击【裁剪】按钮，此时图片四周的控制点变成黑色粗线，将鼠标指针指向控制点，按住鼠标左键进行拖曳，然后按【Enter】键即可，如图 15-24 所示。

步骤 02 选中图片，图片的四周将出现 8 个控制点，将鼠标指针移动到四个角的控制点上，拖曳鼠标即可调整图片的大小，如图 15-25 所示。

图 15-24　裁剪图片

图 15-25　调整图片大小

步骤 03 切换到【图片格式】选项卡，单击【图片样式】组中的【快速样式】下拉按钮，在弹出的下拉列表中选择一种合适的图片样式，如图 15-26 所示。

步骤 04 设置完成后即可查看最终效果，如图 15-27 所示。

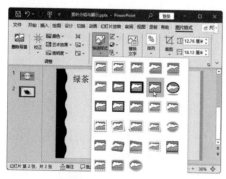

图 15-26　设置图片样式

图 15-27　查看效果

15.3.2 **插入与编辑形状**

PowerPoint 2021 提供了非常丰富的绘图工具，包括线条、矩形、基本形状、箭头总汇、公式形状、流程图、星与旗帜、标注和动作按钮等。用户可以使用这些工具绘制各种线条、箭头和流程图等。

1. 插入形状

PowerPoint 2021 中提供了多种类型的绘图工具，用户可以使用这些工具在幻灯片中绘制应用于不同场合的形状。插入形状的具体操作步骤如下。

步骤 01　打开"素材文件\第 15 章\绘制形状 .pptx"演示文稿，选择要绘制形状的幻灯片，单击【插入】选项卡【插图】组中的【形状】下拉按钮，在弹出的下拉列表中选择需要的形状工具，如图 15-28 所示。

步骤 02　此时鼠标指针呈"＋"形状，按住鼠标左键并拖曳鼠标即可绘制出形状，绘制完成后效果如图 15-29 所示。

图 15-28　选择形状工具

图 15-29　绘制形状

2. 设置形状效果

绘制好形状后，可以为其添加一些特殊效果，如阴影、发光、映像、棱台等。设置形状效果的具体操作步骤如下。

步骤 01　选中需要设置效果的形状，单击【形状格式】选项卡【形状样式】组中的【形状填充】下拉按钮，在弹出的下拉列表中选择适合的颜色，如图 15-30 所示。

步骤 02　单击【形状格式】选项卡【形状样式】组中的【形状轮廓】下拉按钮，在弹出的下拉列表中选择【无轮廓】选项，如图 15-31 所示。

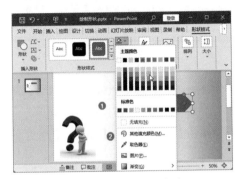

图 15-30　设置形状颜色

图 15-31　设置形状轮廓

步骤 03　单击【形状格式】选项卡【形状样式】组中的【形状效果】下拉按钮 ◌，在弹出的下拉列表中选择【阴影】命令，在打开的扩展菜单中选择一种阴影样式即可，如图 15-32 所示。

步骤 04　单击【形状格式】选项卡【形状样式】组中的【形状效果】下拉按钮 ◌，在弹出的下拉列表中选择【棱台】命令，在打开的扩展菜单中选择一种棱台样式即可，如图 15-33 所示。

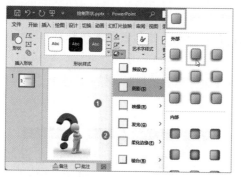
图 15-32　设置形状阴影

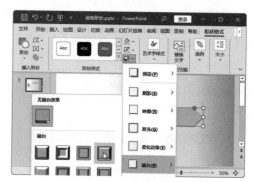
图 15-33　设置形状棱台

3. 在形状上添加文字

绘制形状之后，可以在形状上直接添加文字，具体操作步骤如下。

步骤 01　在形状上右击，在弹出的快捷菜单中单击【编辑文字】命令，如图 15-34 所示。

步骤 02　此时形状中间将出现光标，直接输入文字即可，如图 15-35 所示。

图 15-34　单击【编辑文字】命令

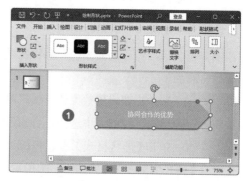
图 15-35　输入文字

15.3.3　插入表格

PowerPoint 2021 中表格的功能十分强大，并且提供了单独的表格工具模块，使用该模块不但可以创建各种样式的表格，还可以对创建的表格进行编辑。插入表格的具体操作步骤如下。

步骤 01　切换到【开始】选项卡，在【幻灯片】组中单击【新建幻灯片】按钮，在弹出的下拉列表中选择【标题和内容】版式，如图 15-36 所示。

步骤 02　单击【插入】选项卡【表格】组中的【表格】下拉按钮，在弹出的下拉列表中选择【插入表格】命令，在弹出的【插入表格】对话框中设置【列数】和【行数】，完成后单击【确定】按钮，如图 15-37 所示。

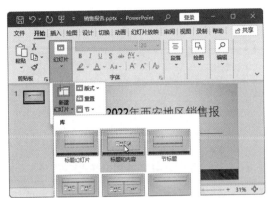

图 15-36　新建幻灯片

图 15-37　设置表格参数

步骤 03　将鼠标指针移动到单元格中，直接输入文字内容，完成后将鼠标指针移至行或列的分隔线上，当鼠标指针变为"÷"或"+|+"形状时，按住鼠标左键进行拖曳，在合适的位置释放鼠标左键，即可调整行高或列宽，如图 15-38 所示。

步骤 04　在【表设计】选项卡【表格样式】组中选择一种表格样式即可，如图 15-39 所示。

图 15-38　调整表格的行高和列宽

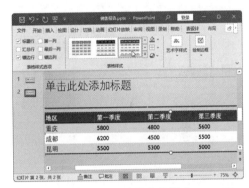

图 15-39　设置表格样式

技能
拓展

在占位符中单击【插入表格】按钮▦，也可以打开【插入表格】对话框，插入表格。

📖 课堂范例——插入 SmartArt 图形

SmartArt 图形是信息和观点的视觉表示形式，通过不同形式和布局的图形代替枯燥的文字，从而快速、轻松、有效地传达信息。插入 SmartArt 图形的具体操作步骤如下。

步骤 01　单击占位符中的【插入 SmartArt 图形】按钮▦，如图 15-40 所示。

步骤 02　弹出【选择 SmartArt 图形】对话框，在左侧列表中选择分类，如选择【层次结构】选项，在右侧选择一种图形样式，完成后单击【确定】按钮，如图 15-41 所示。

图 15-40　单击【插入 SmartArt 图形】按钮

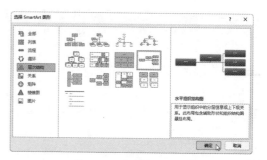

图 15-41 选择图形样式

步骤 03　幻灯片中将生成一个结构图，将光标定位在某个形状内，【文本】字样的占位符将自动删除，此时可输入文本内容，如图 15-42 所示。

步骤 04　选择 SmartArt 图形，单击【SmartArt 设计】选项卡【SmartArt 样式】组中的【更改颜色】下拉按钮，在弹出的下拉列表中选择一种主题颜色，如图 15-43 所示。

图 15-42　输入文本内容

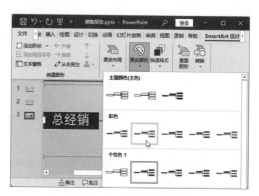

图 15-43　选择主题颜色

步骤 05　单击【SmartArt 设计】选项卡【SmartArt 样式】组中的【快速样式】下拉按钮，在弹出的下拉列表中选择一种图形样式，如图 15-44 所示。

步骤 06　选择完成后，最终效果如图 15-45 所示。

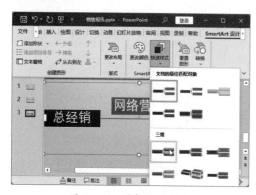

图 15-44　选择图形样式

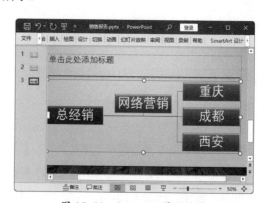

图 15-45　SmartArt 图形效果

15.4　设置动画并放映幻灯片

动画是各类演示文稿中不可缺少的元素，它可以使演示文稿更富有活力、更具吸引力，同时也可以增强幻灯片的视觉效果，增加其趣味性。

15.4.1　添加幻灯片切换效果

幻灯片切换效果是从一个幻灯片切换到下一个幻灯片时出现的动画效果。为幻灯片添加切换效果的具体操作步骤如下。

步骤 01　打开"素材文件\第 15 章\企业宣传文稿.pptx"演示文稿，选择要设置的幻灯片，单击【切换】选项卡【切换到此幻灯片】组中的【切换效果】下拉按钮，在弹出的下拉列表中选择合适的切换效果，如图 15-46 所示。

步骤 02　单击【切换】选项卡【切换到此幻灯片】组中的【效果选项】下拉按钮，在弹出的下拉列表中选择该切换效果的切换方向，如图 15-47 所示。

图 15-46　选择切换效果

图 15-47　选择切换效果的切换方向

步骤 03　选择需要设置换片方式的幻灯片，在【切换】选项卡的【计时】组中选中【单击鼠标时】或【设置自动换片时间】复选框，或者同时选中这两个复选框，均可完成幻灯片换片方式的设置。在【设置自动换片时间】复选框右侧输入具体数值，即可在指定秒数后自动切换下一张幻灯片，单击【应用到全部】按钮即可将设置应用于所有幻灯片，如图 15-48 所示。

步骤 04　选择需要设置声音的幻灯片，单击【切换】选项卡【计时】组中的【声音】下拉按钮，在弹出的下拉列表中选择一种声音效果即可，如图 15-49 所示。

图 15-48　【切换】选项卡

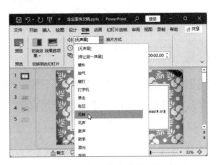

图 15-49　单击【声音】下拉按钮

15.4.2 添加动画效果

通过 PowerPoint 2021 中的【动画】选项卡，可以为幻灯片中的对象设置动画效果，具体操作步骤如下。

步骤 01 选择需要添加动画效果的对象，单击【动画】选项卡【动画】组中的【其他】按钮，如图 15-50 所示。

步骤 02 在弹出的下拉列表中选择动画效果，如选择【进入】栏中的【随机线条】效果，如图 15-51 所示。

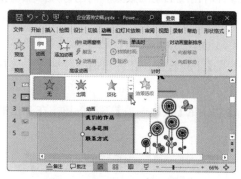

图 15-50　单击【其他】按钮

图 15-51　选择动画效果

步骤 03 单击【动画】组中的【效果选项】按钮，在弹出的下拉列表中选择动画的方向，如选择【垂直】选项，如图 15-52 所示。

步骤 04 设置完成后，单击【动画】选项卡【预览】组中的【预览】按钮，即可预览动画效果，如图 15-53 所示。

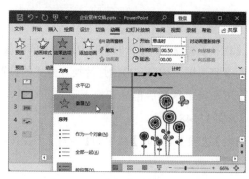

图 15-52　单击【效果选项】按钮

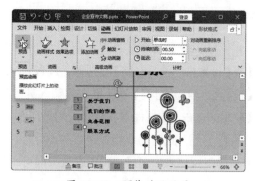

图 15-53　预览动画效果

15.4.3 放映幻灯片

幻灯片的放映方法有许多种，下面介绍从头开始和从当前开始两种放映方法。

（1）从头开始：切换到【幻灯片放映】选项卡，单击【开始放映幻灯片】组中的【从头开始】按钮，如图 15-54 所示。

（2）从当前幻灯片开始：切换到【幻灯片放映】选项卡，单击【开始放映幻灯片】组中的【从当前幻灯片开始】按钮，如图 15-55 所示。

技能拓展

按【F5】键可以从头开始放映幻灯片。按【Shift+F5】组合键可以从当前幻灯片开始放映。

图 15-54　从头开始

图 15-55　从当前幻灯片开始

课堂范例——将字体嵌入幻灯片

将字体嵌入幻灯片的具体操作步骤如下。

步骤 01　在【文件】选项卡中选择【更多】→【选项】选项，如图 15-56 所示。

步骤 02　打开【PowerPoint选项】对话框，切换到【保存】选项卡，选中【将字体嵌入文件】复选框，然后单击【确定】按钮即可，如图 15-57 所示。

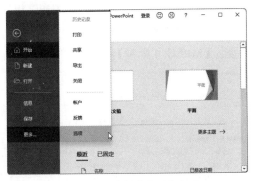

图 15-56　选择【选项】选项

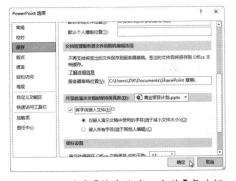

图 15-57　选中【将字体嵌入文件】复选框

温馨提示

制作完成后的幻灯片，如果要在其他电脑上播放，为了避免字体缺失导致幻灯片播放效果改变，可以将字体嵌入幻灯片中。

课堂问答

问题 1：如何为幻灯片添加电影字幕效果？

答：如果用户要将文本设置为像电影字幕一样的【由上往下】或【由下往上】的滚动效果，其具体操作步骤如下。

步骤 01 单击【动画】选项卡【动画】组中的【动画样式】下拉按钮，在弹出的下拉列表中选择【更多进入效果】选项，如图 15-58 所示。

步骤 02 弹出【更改进入效果】对话框，在【华丽】栏中选择【字幕式】选项，然后单击【确定】按钮，如图 15-59 所示。

图 15-58 选择【更多进入效果】选项

图 15-59 选择【字幕式】选项

问题 2：如何将演示文稿制作成视频文件？

答：将演示文稿制作成视频文件后，可以使用常用的播放软件进行播放，且可以保留演示文稿中的动画、切换效果和多媒体等信息，具体操作步骤如下。

步骤 01 打开制作的演示文稿，在【文件】选项卡中依次选择【导出】→【创建视频】命令，在右侧窗格中可以对将要发布的视频进行参数设置，包括视频大小、是否使用计时和旁白，以及每页幻灯片的播放时间等，完成后单击【创建视频】按钮，如图 15-60 所示。

步骤 02 弹出【另存为】对话框，默认的文件类型为【MPEG-4 视频】，设置文件名和保存路径，单击【保存】按钮，如图 15-61 所示。

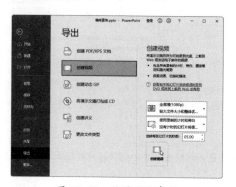
图 15-60 设置视频参数

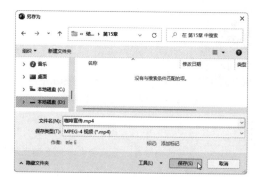
图 15-61 【另存为】对话框

步骤 03 开始制作视频文件，在文档状态栏中可以看到制作进度，在制作过程中不要关闭演示文稿，如图 15-62 所示。

步骤 04 视频制作完成后，可以使用常用的视频播放软件进行播放，如 Windows Media Player、暴风影音等，如图 15-63 所示。

图 15-62 开始制作视频

图 15-63 播放视频文件

上机实战——制作产品介绍PPT

为了巩固本章的知识点，下面讲解制作产品介绍PPT的案例，使读者对本章的知识有更深入的了解。

思路分析

在企业的日常工作中，经常需要为客户演示或讲解公司的产品，此时常常需要制作演示文稿，并配以相关文字、图片等。

本例新建一个演示文稿，并为演示文稿应用主题样式，然后插入版式合适的幻灯片，并添加文字和图片，得到最终效果。

制作步骤

步骤 01 新建一个演示文稿，在【设计】选项卡的【主题】组中选择一种主题样式，如图 15-64 所示。

步骤 02 在第 1 张幻灯片的标题占位符和副标题占位符中输入相应的文字内容完成标题的制作，如图 15-65 所示。

图 15-64 选择主题样式

图 15-65 输入相应的文字内容

步骤 03 单击【开始】选项卡【幻灯片】组中的【新建幻灯片】下拉按钮，在弹出的下拉列表中选择【竖排标题与文本】选项，如图 15-66 所示。

步骤 04 创建一张竖排标题与文本幻灯片，分别在标题占位符和副标题占位符中输入目录内容，如图 15-67 所示。

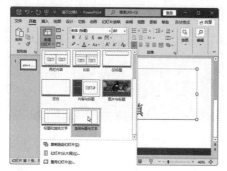

图 15-66 选择【竖排标题与文本】选项

图 15-67 输入目录内容

步骤 05 单击【开始】选项卡【幻灯片】组中的【新建幻灯片】下拉按钮，在弹出的下拉列表中选择【内容与标题】选项，如图 15-68 所示。

步骤 06 在新建的幻灯片中，分别在标题占位符和副标题占位符中输入目录内容，然后单击【图片】按钮，如图 15-69 所示。

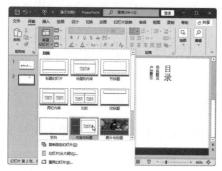

图 15-68 选择【内容与标题】选项

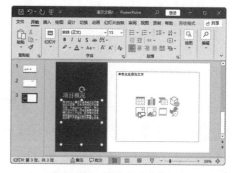

图 15-69 单击【图片】按钮

步骤 07 打开【插入图片】对话框，选择需要插入的图片，单击【插入】按钮即可插入图片，如图 15-70 所示。

步骤 08 调整图片至合适的大小，然后将其拖曳至合适的位置，如图 15-71 所示。

图 15-70 选择需要插入的图片

图 15-71 调整图片大小及位置

步骤 09　单击【开始】选项卡【幻灯片】组中的【新建幻灯片】下拉按钮，在弹出的下拉列表中选择【两栏内容】选项，如图 15-72 所示。

步骤 10　在标题占位符中输入标题，在内容占位符中插入图片，如图 15-73 所示。

图 15-72　选择【两栏内容】选项

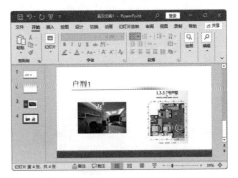
图 15-73　输入标题并插入图片

步骤 11　使用相同的方法制作其他幻灯片，制作完成后的效果如图 15-74 所示。

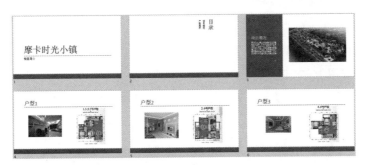
图 15-74　最终效果

🌐 同步训练——制作销售培训 PPT

为了增强读者的动手能力，下面安排一个同步训练案例，让读者达到举一反三、触类旁通的学习效果。

▶ 思路分析 ◀

销售是生产型企业中最为关键的一环，如果销售工作没有做好，企业将很难实现其发展目标和提高劳动生产率。那么应该如何提高企业的销售能力、提高销售人员的相关专业技能呢？此时，就需要进行专门的销售技巧培训。

本例首先使用模板创建幻灯片，输入相关文本后为文本排版，然后通过插入图片、插入 SmartArt 图形来完成效果制作。

▶ 关键步骤 ◀

步骤 01　启动 PowerPoint 2021，在右侧窗格中选择一种模板样式，如选择【画廊】选项。

步骤 02　打开预览窗格，选择【画廊】模板的样式，然后单击【创建】按钮，如图 15-75 所示。

步骤 03　新建一张【标题和内容】幻灯片，在标题占位符和文本占位符中输入目录内容。

步骤 04　选择文本占位符，单击【开始】选项卡【段落】组中的【添加或删除栏】下拉按钮 ≡▾，在弹出的下拉菜单中选择【两栏】选项，如图 15-76 所示。

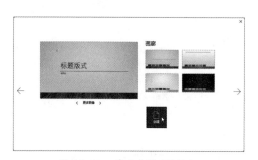

图 15-75　单击【创建】按钮

图 15-76　选择【两栏】选项

步骤 05　拖曳文本占位符文本框，调整其大小。

步骤 06　新建一张【图片与标题】幻灯片，在标题占位符和文本占位符中输入内容，然后单击【图片】按钮 ，如图 15-77 所示。

步骤 07　打开【插入图片】对话框，选择需要插入的图片，然后单击【插入】按钮即可插入图片。

步骤 08　新建一张【标题和内容】幻灯片。

步骤 09　在标题占位符和文本占位符中输入内容，然后单击【插入 SmartArt 图形】按钮 ，如图 15-78 所示。

图 15-77　单击【图片】按钮

图 15-78　单击【插入 SmartArt 图形】按钮

步骤 10　弹出【选择 SmartArt 图形】对话框，在左侧列表中选择分类，在右侧列表框中选择一种图形样式，完成后单击【确定】按钮。

步骤 11　在形状中输入文本内容，然后单击【SmartArt 设计】选项卡【创建图形】组中的【添加形状】按钮，如图 15-79 所示。

步骤 12 在末尾的形状后添加一个形状，然后输入文本内容。

步骤 13 使用相同的方法制作其他幻灯片，然后新建一张【标题】幻灯片，在标题占位符中输入"结束！"，然后选中副标题占位符，按【Delete】键删除占位符。

步骤 14 单击【切换】选项卡【切换到此幻灯片】组中的【切换效果】下拉按钮，在弹出的下拉列表中选择一种切换效果，如图 15-80 所示。

图 15-79 单击【添加形状】按钮

图 15-80 选择切换效果

步骤 15 单击【切换】选项卡【计时】组中的【全部应用】按钮，将切换效果应用于所有幻灯片。

步骤 16 选择需要添加动画的对象，单击【动画】选项卡【动画】组中的【动画样式】下拉按钮，在弹出的下拉列表中选择一种动画样式，如图 15-81 所示。

步骤 17 单击【动画】选项卡【动画】组中的【效果选项】下拉按钮，在弹出的下拉列表中选择一种动画效果，如图 15-82 所示。

图 15-81 选择动画样式

图 15-82 选择动画效果

步骤 18 为其他对象应用动画效果，完成后单击【切换】选项卡【预览】组中的【预览】按钮即可放映幻灯片。

📎知识能力测试

本章讲解了幻灯片的制作与放映，为对知识进行巩固和考核，布置相应的练习题。

一、填空题

1. 在幻灯片中经常可以看到包含【单击此处添加标题】【单击此处添加文本】等有虚线边框的文本框，这些文本框被称为_____。

2. PowerPoint 2021 提供了非常强大的绘图工具，包括_____、_____、_____、_____、_____、_____、_____、_____和_____等。

3. 在【切换】选项卡的【计时】组中选中_____或_____复选框，或者同时选中这两个复选框，均可完成幻灯片切换方式的设置。

二、选择题

1. 在【开始】选项卡的【幻灯片】组中直接单击(   )按钮，可在当前幻灯片的后面添加一张同样版式的幻灯片。

A. 插入幻灯片　　　　B. 新建版式　　　　C. 新建幻灯片　　　　D. 插入文本框

2. 如果要在形状上添加文字，在形状上右击，在弹出的快捷菜单中单击(   )命令。

A.【编辑文字】　　　B.【组合】　　　C.【复制】　　　D.【插入文字】

3. 如果要从头开始放映幻灯片，可以单击【幻灯片放映】选项卡【开始放映幻灯片】组中的(   )按钮。

A.【从当前幻灯片开始】　　　　　　B.【排练计时】

C.【自定义幻灯片放映】　　　　　　D.【从头开始】

三、简答题

1. 为一张幻灯片设置了切换效果后，如何快速将该切换效果应用于所有幻灯片？

2. 将制作完成后的幻灯片在其他电脑上播放，为什么无法显示设置的字体？应该怎样解决？

Windows 11+Office 2021

为了强化学生的上机操作能力，本书安排了以下上机实训项目，老师可以根据教学进度与教学内容，合理安排学生上机训练操作的内容。

实训一：更改桌面背景

在Windows 11操作系统中更改桌面背景，如图A-1所示。

素材文件	上机实训\素材文件\桌面.jpg
结果文件	无

图A-1　桌面背景

操作提示

在"更改桌面背景"的实例操作中，打开【个性化】窗口，在【背景】选项卡中即可为桌面设置背景。具体操作步骤如下。

（1）在桌面空白处右击，在弹出的快捷菜单中选择【个性化】命令。

（2）弹出【设置—个性化】窗口，单击【背景】选项卡，单击【浏览照片】按钮。

（3）打开【打开】对话框，在本地磁盘中选择要设置为桌面背景的图片，然后单击【选择图片】按钮即可。

实训二：使用搜狗拼音输入法输入散文

使用搜狗拼音输入法输入散文，如图A-2所示。

结果文件	上机实训\结果文件\散文.txt

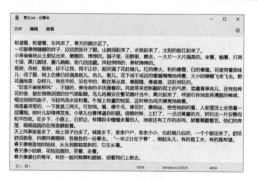

图A-2　输入散文

操作提示

在"使用搜狗拼音输入法输入散文"的实例操作中，主要运用了安装软件、切换输入法和输入汉字等知识。具体操作步骤如下。

（1）使用百度搜索并下载搜狗拼音输入法。

（2）安装搜狗拼音输入法。

（3）新建一个名为"散文.txt"的记事本文档。

（4）切换到搜狗拼音输入法并输入散文。

实训三：使用 ACDSee 播放旅行照片

操作提示

在"使用 ACDSee 播放旅行照片"的实例操作中，主要使用了 ACDSee 的幻灯片放映功能。具体操作步骤如下。

（1）打开 ACDSee，选择要播放照片的文件夹。

（2）单击【幻灯片放映】下拉按钮，在弹出的下拉菜单中选择【幻灯片放映】命令即可开始播放该文件夹中的图片。

实训四：收藏喜欢的网站

操作提示

在"收藏喜欢的网站"实例操作中，主要运用了百度关键词搜索和收藏网站的知识。具体操作步骤如下。

（1）打开 Microsoft Edge 浏览器，进入百度主页，在搜索框中输入关键词。

（2）在搜索结果中单击感兴趣的链接。

（3）单击【收藏夹】按钮，在弹出的菜单中单击【将此页添加到收藏夹】按钮。

（4）网站将被添加到收藏夹栏，默认为可编辑状态，为网站重命名或使用默认名称即可。

实训五：在优酷观看电视剧

在优酷观看电视剧的效果如图 A-3 所示。

操作提示

在"在优酷观看电视剧"的实例操作中，主要运用了打开网页、选择视频和观看视频的知识。具体操作步骤如下。

（1）启动 Microsoft Edge 浏览器，进入【优酷】首页，在主页的搜索栏中输入要观看的电视剧名称，按【Enter】键搜索。

图 A-3 观看电视剧

（2）打开搜索列表，选择想要观看的电视剧。

（3）选择电视剧的剧集观看电视剧。

实训六：在京东商城购物

操作提示

在"在京东商城购物"的实例操作中，主要运用了搜索商品、查看商品、下单和网上支付等知识。具体操作步骤如下。

（1）打开京东首页，在搜索框中输入要购买的商品名称。

（2）在搜索结果中单击感兴趣的链接进入商品页面。

（3）确认要购买的商品，然后提交商品购买订单。

（4）进入付款页面付款，成功购买商品。

实训七：给电脑杀毒

操作提示

在"给电脑杀毒"的实例操作中，主要运用了下载并安装360安全卫士和使用360安全卫士为电脑杀毒等知识。具体操作步骤如下。

（1）在百度主页中搜索360安全卫士的官方网站，下载并安装360安全卫士。

（2）打开360安全卫士为电脑杀毒。

实训八：制作房屋出租启事

在 Word 2021 中，制作如图A-4所示的"房屋出租"文档。

素材文件	上机实训\素材文件\户型图.BMP
结果文件	上机实训\结果文件\房屋出租.docx

图A-4　房屋出租启事

操作提示

在制作“房屋出租启事”的实例操作中，主要运用了新建文档、输入文本内容、设置文本格式、设置段落格式、插入图片和编辑图片等知识。具体操作步骤如下。

（1）新建一个名为“房屋出租”的文档，输入文本内容。

（2）分别设置标题、正文的文本格式和段落格式。

（3）插入户型图图片并设置图片格式，完成对文档的制作。

实训九：制作供应商资料表

在Excel 2021中，制作如图A-5所示的“供应商资料表”演示文稿。

素材文件	上机实训\素材文件\背景.jpg
结果文件	上机实训\结果文件\供应商资料表.xlsx

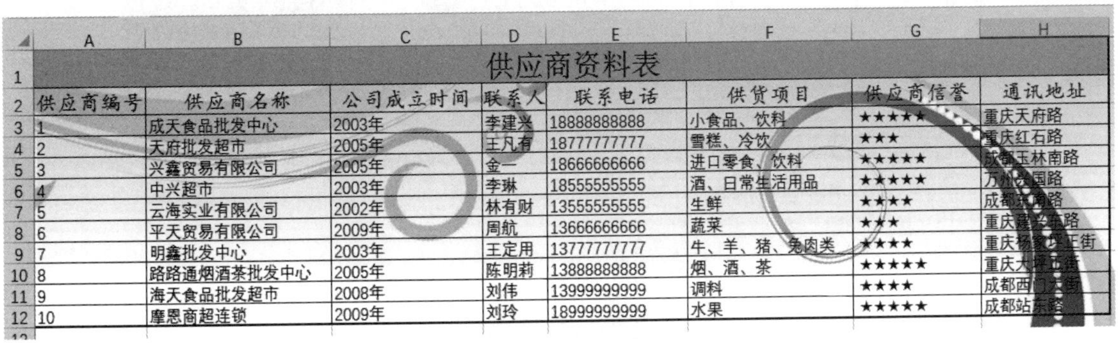

供应商资料表							
供应商编号	供应商名称	公司成立时间	联系人	联系电话	供货项目	供应商信誉	通讯地址
1	成天食品批发中心	2003年	李建兴	18888888888	小食品、饮料	★★★★★	重庆天府路
2	天府批发超市	2005年	王凡有	18777777777	雪糕、冷饮	★★★	重庆红石路
3	兴鑫贸易有限公司	2005年	金一	18666666666	进口零食、饮料	★★★★★	成都玉林南路
4	中兴超市	2003年	李琳	18555555555	酒、日常生活用品	★★★★★	万州[illegible]国路
5	云海实业有限公司	2002年	林有财	13555555555	生鲜	★★★★	成都[illegible]路
6	平天贸易有限公司	2009年	周航	13666666666	蔬菜	★★★	重庆[illegible]东路
7	明鑫批发中心	2003年	王定用	13777777777	牛、羊、猪、兔肉类	★★★★	重庆杨家坪正街
8	路路通烟酒茶批发中心	2005年	陈明莉	13888888888	烟、酒、茶	★★★★★	重庆大坪正街
9	海天食品批发超市	2008年	刘伟	13999999999	调料	★★★★	成都西门大街
10	摩恩商超连锁	2009年	刘玲	18999999999	水果	★★★★★	成都站东路

图A-5　制作供应商资料表

操作提示

在“制作供应商资料表”的实例操作中，主要运用了设置字体格式、合并单元格、插入符号、添加边框和添加背景图片等知识。具体操作步骤如下。

（1）新建一个名为“供应商资料表”的工作簿，输入表格内容。

（2）根据需要合并单元格，并设置表格的字体格式。

（3）在需要的位置插入特殊符号。

（4）为工作簿添加背景图片，完成对工作簿的制作。

实训十：制作年度工作总结演示文稿

在PowerPoint 2021中，制作如图A-6所示的“年度工作总结”演示文稿。

素材文件	上机实训\素材文件\蓝色背景.jpg
结果文件	上机实训\结果文件\年度工作总结.pptx

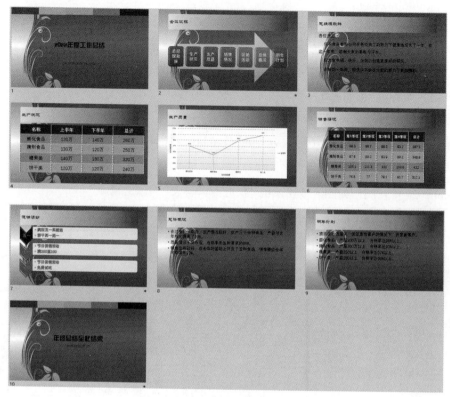

图 A-6　制作年度工作总结演示文稿

操作提示

在"制作年度工作总结演示文稿"的实例操作中，主要运用了编辑幻灯片母版、插入 SmartArt 图形、插入表格、插入图表和设置动画效果等知识。具体操作步骤如下。

（1）创建一个新演示文稿，在幻灯片母版中设置版式。

（2）插入 SmartArt 图形，并设置好相关格式和文本内容。

（3）插入表格，并设置好相关格式和文本内容。

（4）插入图表，并设置好相关格式和文本内容。

（5）为对象添加动画效果，完成年度工作总结演示文稿的制作。

Windows 11+Office 2021

（全卷：100分　答题时间：120分钟）

得分	评卷人

一、选择题（每题2分，共23小题，共计46分）

1. Word 2021中复制文本的快捷键是（　　）。

A. Ctrl+V　　　　　B. Shift+C　　　　　C. Ctrl+C　　　　　D. Shift+V

2. 如果要使用搜狗拼音输入法输入"学习电脑知识"，可以输入（　　）。

A. xuexdnzs　　　　B. xx　　　　　C. dn　　　　　D. dnzs

3. 如果桌面上的图标很混乱，可以将这些图标按一定的顺序进行排序，选择（　　）排序方法可以将图标按图标的汉字拼音或英文字母A~Z的先后顺序进行排序。

A. 名称　　　　　B. 大小　　　　　C. 类型　　　　　D. 修改时间

4. 如果要调整鼠标的移动速度，在"鼠标属性"对话框的"指针选项"选项卡的（　　）栏向左拖曳滑块可以调慢鼠标的移动速度，向右拖曳滑块可以调快鼠标的移动速度。

A.【移动】　　　　B.【双击速度】　　　　C.【鼠标键配置】　　　　D.【可见性】

5. 如果要用搜狗拼音输入法输入"女"，可以输入（　　）。

A. lv　　　　　B. lu　　　　　C. nv　　　　　D. 以上均可以

6. 文件的类型是根据扩展名来决定的，不同类型的数据保存的文件类型也不同，下列选项中，（　　）是视频文件的扩展名。

A. .txt　　　　　B. .gif　　　　　C. .xlsx　　　　　D. .avi

7. 关于文件和文件夹，下列描述错误的是（　　）。

A. 文件和文件夹是各种程序与信息的集合　　　B. 文件夹是用来存放文件的"包"

C. 文件创建之后不能随意移动位置　　　D. 文件的类型是根据扩展名来决定的

8. 获取软件的途径很多，以下不是正确的获取方法的是（　　）。

A. 购买软件光盘　　　B. 通过网络下载　　　C. 在系统盘中搜索　　　D. 从其他电脑复制

9. 重复读写操作会造成磁盘中产生很多磁盘碎片，过多的碎片会占用磁盘的有限空间，影响读写速度，此时可以使用（　　）功能清理磁盘碎片。

A. 磁盘清理　　　B. 检查　　　　C. 优化　　　　D. 格式化

10. 在玩斗地主游戏时，出牌的方向为（　　）方向。

A. 右边　　　　　B. 逆时针　　　　C. 左边　　　　　D. 顺时针

11. 如果要启动QQ游戏，在QQ主界面中单击（　　）按钮可以完成启动操作。

A.【QQ游戏】🎱　　　B.【腾讯视频】▷　　　C.【加好友】+　　　D.【QQ音乐】🎵

12. 在暴风影音中观看视频时，如果想要全屏显示，正确的操作方法是（　　）。

A. 单击【全屏】按钮✠　　　　　B. 按【Enter】键

C. 单击【最大化】按钮▢　　　　D. 以上均正确

13. 在微博中如果要和其他用户沟通，可以通过（　　）的方法。

A. 发微博　　　　　　B. 转发微博　　　　　C. 私聊　　　　　　D. 评论微博

14. 如果要使用 360 安全卫士检查电脑中的所有文件是否被感染木马，应该使用（　　）功能。

A. 快速查杀　　　　　B. 全盘查杀　　　　　C. 自定义查杀　　　　D. 立即体检

15. 下列命令按钮中，（　　）是居中按钮。

A. ≡　　　　　　　　B. ≡　　　　　　　　C. ≡　　　　　　　　D. ≡

16. 在单元格中输入文本的常用方法是（　　）。

A. 选择单元格输入　　B. 双击单元格输入　　C. 在编辑栏中输入　　D. 以上均是

17. 在通过键盘定位光标时，按（　　）键，光标将向右移动至当前行行末。

A.【Page Down】　　B.【Page Up】　　　　C.【Home】　　　　　D.【End】

18. 一般来说，一篇文档由多个段落组成，每个段落都可以设置不同的段落格式，段落格式是指（　　）。

A. 对齐方式　　　　　B. 缩进方式　　　　　C. 段间距　　　　　　D. 以上均是

19. 在 Word 2021 中绘制"椭圆"形状的同时按住（　　）键，可绘制出一个圆形。

A.【Alt】　　　　　　B.【Ctrl】　　　　　　C.【Shift】　　　　　D.【Ctrl+ Shift】

20. 如果想要直接创建带有格式的文档，最佳的方法是（　　）。

A. 复制他人的文档　　B. 复制图片创建　　　C. 使用模板创建　　　D. 绘制图形创建

21. 以下关于 Excel 的描述中错误的是（　　）。

A. 工作表的名称是可以修改的

B. 移动工作表可改变工作表在工作簿中的位置

C. 不可以一次性删除工作簿中的多个工作表

D. 工作表不可以复制到未打开的工作簿中

22. Excel 2021 工作簿文件的扩展名是（　　）。

A. .xlsx　　　　　　　B. .xls　　　　　　　C. .xlm　　　　　　　D. .xlsm

23. 在 PowerPoint 2021 中，默认的幻灯片视图方式是（　　）。

A. 普通视图　　　　　B. 大纲视图　　　　　C. 幻灯片浏览视图　　D. 阅读视图

得分	评卷人

二、填空题（每空 1 分，共计 23 分）

1. 电脑主机机箱中安装了电脑必备的核心硬件，有 ＿＿＿＿＿＿、＿＿＿＿＿＿、＿＿＿＿＿＿、＿＿＿＿＿＿、＿＿＿＿＿＿、＿＿＿＿＿＿和＿＿＿＿＿＿。

2. 常用的鼠标一般由 ＿＿＿＿＿＿、＿＿＿＿＿＿和＿＿＿＿＿＿组成。

3. Word 2021 中复制文本的快捷键是 ＿＿＿＿＿，粘贴文本的快捷键是 ＿＿＿＿＿。

4. 用搜狗拼音输入法输入词组的三种方法分别是 ＿＿＿＿＿＿、＿＿＿＿＿＿和＿＿＿＿＿＿。

5. 电脑中每个文件都有各自的文件名，完整的文件名由 ＿＿＿＿＿＿和＿＿＿＿＿＿组成。

6. 如果要新建文件夹，在窗口空白处右击，在弹出的快捷菜单中选择 ＿＿＿＿＿＿，在弹出的扩展菜单中单击_____命令即可。

7. 卸载软件的方法有多种，比较常用的有_____和_____。

8. 电脑病毒是指能够通过自身复制传染而引起_____、_____的一种程序。

得分	评卷人

三、判断题（每题 1 分，共 15 小题，共计 15 分）

1. U 盘中的文件删除后，不可以在回收站中恢复。　　　　　　　　　（　　）

2. 在进行视频聊天的同时也能进行文字聊天。　　　　　　　　　　（　　）

3. 通知区域的图标可以根据用户的需要来调整显示与隐藏。　　　　（　　）

4. Word 文档只能编辑文字，不能创建表格。　　　　　　　　　　　（　　）

5. 使用拼音输入法输入汉字时，必须输入全部拼音才能完成输入。　（　　）

6. 使用最新的杀毒软件一定能检测并清除计算机中感染的任何病毒。（　　）

7. 在 Word 文档中输入文本前，需要先按【Enter】键定位光标。　　（　　）

8. 只要有了硬件设备，电脑即可使用，没有必要安装软件。　　　　（　　）

9. 电脑感染病毒后常出现的现象有频繁死机、程序和数据无故丢失、找不到文件等。（　　）

10. 删除软件的桌面图标即可卸载该软件。　　　　　　　　　　　　（　　）

11. 使用暴风影音可以收听音乐。　　　　　　　　　　　　　　　　（　　）

12. 在进行电脑打字时，手指的摆放应该遵循舒适的原则，不拘泥于指法。（　　）

13. 任务栏的位置只能在屏幕的底部，不可更改。　　　　　　　　　（　　）

14. 通过快递寄送物品后，可以凭借手机号码查询该笔运单的物流信息。（　　）

15. 使用优酷视频可以观看综艺节目。　　　　　　　　　　　　　　（　　）

得分	评卷人

四、简答题（每题 8 分，共 2 小题，共计 16 分）

1. 如果在制作文档时，文档中的某个词存在大量错误，应该怎样快速更改？

2. 简要回答复制文本与移动文本的区别。